安全と安心の科学

村上陽一郎
Murakami Yoichiro

a pilot of wisdom

目次

編集協力　綜合社

まえがき

二〇〇四年は社会の安全という面から見ても、多くのことが起こった年になりました。平均をはるかに超える数の台風が日本に上陸して、それぞれが甚大な被害を与えました。新潟中越地震は、一部の村落の存続の危機さえ思わせるような被害を生みました。そのなかには、営業上の「安全」を誇りにしてきた新幹線の列車の脱線という事柄も含まれていました。関西電力の美浜原子力発電所では蒸気漏れ事故が起こって、尊い人命が失われました。三菱ふそうのトラック・バスをめぐる事故についても、さまざまな問題が明らかになりました。イラクでは、当地に立ち寄った若者が拉致・監禁されたあげくに、理不尽にも殺害されました。配達される新聞を見るのが怖いような毎日が続きました（私はテレヴィジョンをもたないので、情報は原則として新聞に頼るほかはないのですが）。

もっとも新聞をはじめ、マスメディアの報道の姿勢にも問題がないわけではないと思います。例えば、美浜の事故の際、新聞は一面の半分以上を割いて、トップで報道し、原子力産業の「安全」を糾弾する姿勢を示しました。多くの識者のコメントもそうした趣旨のものでした。しかし、あの事故は、原子力技術とは無縁のところで起こったものです。言い換えれば、他のどのような作業現場でも（蒸気を取り扱う限り）起こり得る性格のものです。事実、あの事故から数日後、原子力とは関係のない工場で同様の事故が起こったことが（ごく小さく）報道されていました。原子力技術で言えば、自動的なシャットダウンを始め、正常な対応のなかで、当然なのですが、一切の放射線の漏洩もなく、むしろ「安全」であることを示したと言えます。いずれにしても、美浜の事故の数日前に高速道路上で起こった交通事故で、子供三人を含む七人が亡くなった事故の報道が、社会面の一四分の一の面積しか占めていなかったことと比べて、そのインバランスは必ずしも妥当とは言えないという思いがありました。

新幹線の脱線も、メディアは「安全神話の崩壊」という姿勢で扱うことが多かったのですが、あれだけの地震で死者はおろか負傷者も出さず、転覆もせず、脱線だけで済んだのは、奇跡ではなく、施された安全対策のお陰であったこともまた、報道されてしかるべきであったと思います。もともと「安全神話」などなかったのです（あったとすれば、それこそマスメディアのなかだけでしょう）、つまり当事者は誰も「絶対安全」などと言ったことは一度もないのですから。

もちろん、事故は起こさない方がよいし、被害は少なくする方がよい。これは大原則です。その大原則を少しでも実現するために、私たちは、多くの努力と犠牲とを払ってきました。リスクというのは、ある意味では、起こる確率を人間の手で減らすことができる危険、あるいは万一起こってしまったらその被害を減らすことができるような危険のことを指していると言ってよいでしょう。天災が天災である間は、私たちは何が起こっても諦めるほかありませんでした。いや、諦めなければならない災厄のことを「天災」と呼ぶのでしょう。そうだとすれば、天災はリスクではない。

たとえ自然災害であったとしても、ということは、その起こる確率を減らすことはできないにしても、諦めずに、起こったときの被害を減らす努力をしようではないか。この立場に立ったときに、災厄はリスクになりました。そしてまた、そこにリスクに対して立ち向かう努力を惜しまないという、人間としての特性が明確に顕れたと考えることができます。科学・技術も、もともとその人間の特性が生み出したものです。この努力はまた犠牲の上に成り立っています。自然災害であれ、人間の営みのなかで生まれた危険であれ、それに立ち向かうとき、過去に起こった多くの犠牲者や損害についての情報こそ、この上もない宝物なのです。それを学ぶことのなかに、前進の根拠があるのです。その意味で、三菱ふそうの事故で明らかになったような、ことを隠蔽してしまうような姿勢は、こうした努力から最も遠いところにあると言わざるを得ません。

この本は、こうした人間のもつ「リスクに立ち向かう」営みについて考えたものです。もちろん人間の力は知れたものです。二〇〇四年においてもまた、台風、地震の前には、なすすべもない、という思いも念頭をよぎります。また科学・技術が「絶対安全」を約束するものではないことも当然です。しかし、すべてを諦めるのではなく、できることは何かを探し出し、一歩でも前進しようとすること、そして時に人間の力の卑小さと自然の力の大きさの前に頭を垂れること、この繰り返しこそ、人類が刻んできた歴史そのものではなかったでしょうか。私は、人間のそうした存在の形を受け入れ、また信じたいと思っています。その思いのなかで、この本を書きました。

序論　「安全学」の試み

「安全」と「安心」への関心の高まり

安全はここ数年の間に、社会の合言葉になったようです。私が一九九八年の暮れに『安全学』と題する書物を刊行したときには、そんな学問があるはずがない、世のなかに受け入れられるとは思えない、という批判やお叱りの声が聞こえてきたほどでした。ところがどうでしょうか。最近は中央政府の施策の柱にさえなってきました。

例えば、一九九五年に「科学技術基本法」ができて、それに基づいて中央政府は、科学・技術の振興を国策の一つと位置づけ、それを実行する責任を負うことになりました。そこで、実行のためのプランを立てて、国の内外に示すために、内閣は「科学技術基本計画」を策定することになりました。この計画は、ここ一〇年の将来を見通しながら、実際には直近の五年間について、内閣として何をするのかを定めたもので、一九九六年から始まりましたから、現在は第二期の基本計画が実施されているさなか、ということになります。それを最終的に審議・決定するのは、いわゆる行政改革で内閣府に誕生した総合科学技術会議です。

さて、現在進行中の第二期の基本計画のなかには、科学・技術に関連してのことですが、日本の国家・社会をどのように造り上げていくのか、という目標が掲げられています。目標は三つです。

第一は、知的に存在感のある国、という目標ですが、この表現の背後には、ノーベル賞受賞者を飛躍的に増やそう、というような、いささか品性を欠くもくろみも見え隠れしているようです。もっとも、このスローガンそのものは、それなりに結構なことだと思いますが。第二は、国際競争力を維持・発展させることで、まあ相変わらずな、という思いは誰しも抱くかもしれませんが、資源小国の日本としては、産業技術の競争で後れをとるわけにはいかない、ということなのでしょう。そして、第三に「安全で安心できる国」というスローガンがきます。中央政府の施策として「安全・安心」が、当然のように謳《うた》われているわけですね。裏を返せば、現代の日本社会は、「安全・安心」が保証されていない、ということになるのですが。

また小泉純一郎首相も、ことあるごとに、かつてのような安全で安心できる社会を取り戻したい、という趣旨の発言をしています。石原慎太郎東京都知事も類似の発言を繰り返しています。もっとも都知事の場合、主として念頭にあるのは首都圏の「治安」であるように見えますが。無論それも大切なことには違いありません。いずれにしても、行政の長にある人々の関心事の一つが、「安全・安心」であることは、自明のようになりました。

自然の災害

もちろん私たち人類は、昔から多くの危険に晒《さら》されて生きてきましたし、同時に死んでもきました。飢え、寒さ、地震、火山の噴火、嵐、洪水、猛獣、そして病気、これらはしばしば人間を死に追いやります。「天寿」という言葉があります。「天寿を全《まっと》うする」ことが、どういうことなのか、はっきりさせることは難しそうですけれど、こうした災害が「天寿を全うする」前に、人間の死を呼び寄せてきたことだけははっきりしています。

同時に人間はこれらの自然災害に対して、自らに与えられた知力を唯一の武器としながら、身を守る手立てを講じてきました。ある程度の規模までなら、そうした自然の災害で死を迎えないようにすることに成功もしてきました。

もとより、私たちは台風を消滅させることどころか、その進路を変えさせることさえできません。噴火や地震が起こるのを防ぐこともできませんし、冷夏の日照時間を増やすような手段も持ちません。それにもかかわらず、こうした災害についての知識を増やすことによって、災害の質を低下させ、あるいはその量を減らすことには、かなりの成功を収めてきたと言えるでしょう。ここまで「知力」とか「知識」と言ってきたことは、今日では「科学・技術」と言い換えてもよいと思います。

もっともここで一つ気を付けておかなければならないことがあります。例えば阪神・淡路大震災（一九九五年一月一七日発生）で六千人を超える方々が亡くなりました。「天寿」を迎える前に、人生と生命を中断された方々の無念を思いやると、いまだに胸が痛みます。これだけの被害を生んだ直接の原因は、言うまでもなく大規模地震です。しかし、犠牲者の多さは、それだけでは説明しきれません。もちろん後知恵で言えば、活断層の走る地形を十分に理解して、宅地の造成や住宅の建設に配慮すべきであった、という反省もありましょう。そうした反省は貴重です。

しかし、もう少し低次元の問題として、人間の住み方が犠牲を大きくした、という点も見逃せないのです。究極的にはこれも住宅の建築の問題であるのですが、一部の地域では、建築基準法から見てきわめて危険であると思われるような建物に、住民が密集して住んでいた、という状況が、犠牲を増やした原因の一つでもあります。極端な話、無人の地域であの規模の地震が起きたとしても、自然環境は変わったかもしれませんが、死者は出なかったはずです。

つまりここで私が言いたいのは、自然災害と言われるものが惹き起こす犠牲のなかには、人間自身の側にも原因を求めなければならない場面があるということなのです。つまり「自然災害」と言うとき、それは必然的に、自然と人間との接点、自然のなかでの人間の生き方が自然との間に生み出すインターフェースのところでの話なのだ、という、ある意味では当たり前のことですが、そのことをはっきりさせておきたかったのです。

人間が人間の安全を脅かす

それはともかく、人間の営々とした知的努力が、自然災害のもたらす被害を、量・質ともに引き下げてきたことは、確かなことです。

では、いったい何が現代社会の安全を脅かし、安心を損なっているのでしょうか。一つは人間そのものです。えっ？ と、おっしゃる方もありそうですね。でも、昔から今日にいたるまで一貫して、人間は人間を脅かし、危険に陥れ、死をもたらしてきました。その最もあからさまな形が戦争です。戦争は、人間という同じ生物種のなかで、お互いに殺し合う、という状況を指します。生物学の言葉では「同種間殺戮《さつりく》」と言うのだそうですが、これほど大規模な「同種間殺戮」を繰り返してきた生物は、ほかには絶無のようです。

それはそうでしょう。同じ種の個体同士が、常に相互に大規模殺戮を繰り返していたら、当然その種は滅びていってしまうはずでしょう。もしかしたら、そんな生物種が過去にもあったのかもしれませんが、生物の進化の歴史のなかで、おそらくは絶滅したはずですね。では人間はどうして絶滅しないのでしょう。いや、核戦争の危機が高まった冷戦時代には、そうした意味での人類の絶滅は、比較的身近になったのでした。「核の冬」という言葉や、当時に作られたある種の映画は、そのことを今でも伝えてくれる証言になっています。まあ生物種のなかで最も獰猛《どうもう》なのが人間だという言い方さえあるのです。

ところで、人間が同種間殺戮に励みながら、絶滅しない理由を明確に指摘することは難しいのですが、一つには人間の生殖能力にあるとも言えます。人間は哺乳動物ですが、他のほとんどの哺乳動物は、基本的に雌に「生殖可能時期」があって、それ以外は雄を受け付けませんし、その時期は年に一回か二回ほどが普通です。ところが人間の場合には、それが毎月訪れますし、常に生殖行為が成り立つ状況にあります。これは考えてみれば不思議なことで、人口の爆発という点では、他の生物界にもしばしば見られることですが、他の生物では、人口（と言うと「人間」のことになってしまいますが、ここでは「ポピュレーション」つまり一つの種のなかの個体数の意味だと考えてください）の爆発は一時的なもので、一旦爆発が起こると、それは逆にその後の人口の急激な減少によってバランスされるのが普通です。

しかし、人間だけは、同種の間で殺戮を繰り返しながら、着実に人口を増やしてきていますし、その理由の一つは生殖形態の特異性にあると考えてよいのではないでしょうか。話は逸れますが、抑制の利かない性行為を「動物的」などと表現することがありますが、それはどうもおかしい。動物には迷惑な言い方で、性行為において最も抑制の利かないのは人間ではないか、とさえ思ってしまいます。

実はこのことは、人間の特性としてとても大事なことです。いずれ主題的にお話しする機会があると思いますが、性行為が典型的な例で、人間は、他の生物が、言わば「自然に」与えられている欲望の抑制機構を、かなりな程度外された存在なのではないでしょうか。だから、人間は、自分の知力を動員して、自らのために意図的に、欲望を抑制するための仕組みを造り出し、かつそれを実行しようとするのではないか。倫理、あるいは道徳と言われるものの本質は、そこにあるのだと私は考えています。

話が主題から大分逸れてしまいました。人間が人間にとって危険な存在である理由は、戦争という形だけにはとどまりません。二〇世紀に私たちは大規模な世界大戦を二度も経験しました。それだけではなく、冷戦構造中も、あるいはその崩壊後も、局地的な戦争は絶えることがありませんし、現にイラクやアフリカの一部、あるいはパレスチナ、チェチェンなど、各地で残酷な殺し合いが行われています。それに繋がるテロリズム、あるいは一般の犯罪もまた、人間が人間にとって安全を脅かすきわめて重要な要素であることを示しています。

現代の日本の社会のなかに蔓延する不安の一つ、つまり安全や安心を脅かす種子となるものの一つは、凶悪犯罪の増加であり、あるいは犯罪を犯す年齢層の低下であります。こうした事件の数々は、戦争以外でも、人間が他者に対してどれだけ残忍になれるかを毎日私たちに教えてくれています。

人工物に脅かされる人間

そのほかに、現代のような文明の高度に発達した社会では、人工物が私たちの安全を脅かす主だった原因の一つを造っています。一例は自動車ですが、日本での交通事故の死者は、確かにこのところ目立って減っています。かつては年間の死者数が一万人を超えていましたが、今では二割以上減ったことになります。それには交通に関する法整備や対策の普及が効果を上げていることは確かですが、それでも八千人の人が毎年亡くなっていて、さらに負傷して障害を抱え込むことになった人々を加えると、交通戦争という言葉が今でも生々しく響いてきます。

日本は二〇〇四年にイラクに自衛隊を派遣し、一月から復興支援のためにサマワに駐留することになりました。好ましい想像ではありませんが、イラクに派遣された自衛隊のなかに仮に一人の死者が出たときに社会が呈する状況を推測してみるとき、あるいは原子力発電所のなかで仮に一人の死者が出たときの同じ事態を推測してみるとき、年間八千人、つまり阪神・淡路大震災での死者数を上回り、毎日確実に二〇人以上の死者を生み続けている交通の現場に対する社会の関心の低さは異常でもあります。

ここには、「安全」と「安心」の違い、「危険」と「不安」の違いが、最も顕著な形で表れていると見ることができますが、その点については後に詳しく述べることにしましょう。

歩行中にビルの壁が剝落《はくらく》して、亡くなる方もいれば、六本木ヒルズで起きた事故のように、回転ドアに挟まれて死ぬ子供もいます（二〇〇四年三月二六日）。飛行機事故で死ぬこともあれば、生命を助ける医療において、妥当でない薬物を与えられて死ぬことさえあります。

こうして見ると、戦争や犯罪のように悪意が根拠になっていなくとも、人為の世界、人工の世界のなかで、私たちはいつも危険に晒されています。

昔中国の杞の国の人で、天が落ちてきはしないかと気に病んだ人がいて、「杞憂《きゆう》」という根拠のない心配をすることの喩《たと》えになりましたが、この文明社会のなかでは、何が何時どう起こるか判らない、という不安に耐えて、私たちは生きていかなければならないように思われます。

社会構造の変化からくる不安

もう一つの私たちの「不安」は、現代日本社会の構造的な性格のものと言ってよいでしょう。それは将来に対する不安です。現代社会は、過去においては個人の手に委ねられてきたさまざまな機能や能力を、個人から取り上げ、それを社会の仕組みのなかで達成させようとする傾向にあります。少しぎごちない言葉ですが、それを「外化」という言葉で呼ぶことにしましょう。

早い話が、例えば家の小さな庭に溜まった落ち葉。昔でしたら焚き火にして燃やしますね。ときにはそこにサツマイモを潜ませる焼き芋の楽しみもありました。ところが、今は、まあ都会地だけの話でしょうが、それが許されません。仮にそういう処理をする場所があったとしても、焚き火はご法度《はっと》で、ゴミ袋に入れて道路に出す。地方自治体の委託を受けた業者がそれを集めて、一括処理をする、それが現在のやり方でしょう。

もっと本質的なところでは、教育も同じですね。何でも「アメリカでは」という言い方は、私は大嫌いなのですが、ここでは仕方がありません。アメリカでは、両親が憲法に従ってアメリカ市民として育てます、という宣誓書を提出すれば、公教育に子供を委ねなくてもよい許可を、教育委員会が出せることになっている州があります。つまりこの場合は、日本で言う「義務教育」を、両親がその個人的な責任において行うことが認められているわけです。

いやむしろ事態は反対です。本来、子供の教育は両親を含む家庭で行われてきた、その教育というものを、現在は社会の用意する「学校」なるものに委ね、任せることになってきた。上に挙げたアメリカの例は、それを両親の手に取り戻しただけ、という解釈の方が正確でしょう。実際、日本でもヨーロッパでも、あるいはアメリカでも、歴史的に見れば、教育が両親に委ねられていた時期の方がはるかに長いことは一目瞭然です。

今でも、ヨーロッパの貴族の家庭などでは、子供を小学校に上げずに、家庭教師を含む家庭のなかでの教育だけで済ませる、という例があります。現代の日本では、教育という仕事は、完全に社会の側に委ねられてしまった、つまり「外化」されてしまった、と言えるでしょう。

そこに問題の一つがあるのですが、ここでは少し別の話題に絞りましょう。それは、個人の生活設計とでも言えばよい問題です。アリとキリギリスの喩え話ではありませんが、かつて私たちは、働けなくなってからも生活を維持できるだけの財産を残そうとして、一所懸命に働きました。日本人の「貯金好き」と言われる現象も、結局はそうした考え方に基づいていました。

三〇年前に私はこういう経験をしました。親しくなったドイツ人と、どういういきさつだったかは忘れましたが、母の公務扶助料の話が話題に上りました。私の父親は海軍の軍医として働き、戦後は厚生省(当時)の役人になりましたが、占領軍の「公職追放」に遭って、厚生省を追われました。それでも、いろいろな行《ゆ》く立《た》てがあった結果、元軍人にも僅かな恩給が支給されるようになり、父親の早い死(五四歳でした)の後は、配偶者である母に、恩給の一部が公務扶助料として支給されることになったのです。母は九九歳で今も存命ですから、実はその支給は続いています。

途中何回かの支給額の改定があって、母の収入として有難く戴いていますが、当時その額をマルクに換算してかのドイツ人に話したところ、どうしてもお前はドイツ語の数の表現を間違えているか、換算の方法を間違っている、と言って信じてもらえなかったのです。もっとも、その会話のなかで私は初めて、ドイツ語で恩給や年金のことをPension(これは日本語として使われる「ペンション」と同じ言葉です)と言うことを知ったほど、私のドイツ語はあやしげでしたから、信用されないのも無理はなかったかもしれませんが。ちなみに、当時は「年金」

という言葉も（日本語です）、私は知りませんでした。

そこで、数字を紙に書いて初めて、私が間違っていない、ということが判ったのですが、日本と同じ、あるいは東西分断ということを含めてもっと過酷な経験をしてきたドイツ（もちろん当時は「西ドイツ」ですが）においては、同じような事情にある人々に、日本よりは一桁多い金額が支給されていたことを知らされて、私は驚嘆したのです。つまりこのエピソードは、私という個人も、あるいは当時の日本社会も、国家や公共のために働いた人の老後の生活を、誰が保障するか、と言えば、それは個人一人ひとりの責任においてである、と了解していたことを物語っていると思います。言わば老後の生活設計が「外化」されていなかったわけです。

日本でもその後多くの制度上の改定があって、いまや年金をどうするか、という点は、行政府や政治家の最大の課題の一つになっていますが、この問題が「外化」されていない状態では、少しでも働ける間は働いて、そこで稼いだお金を貯金にして蓄えることで、個人的に対応しようとしたことが、「貯金好き」という傾向を生み出したのでしょう。このことが、「外化」が進んだ今日でも、さらに貯金の金利の犯罪的な低さと相俟《あいま》って、人々の将来に大きな不安を投げかけていることは確かです。

現代社会は個人責任の時代と言われます。しかし、ことはむしろ逆に進んできたのです。個人責任の相当部分を「外化」すること、それが現代社会の特徴です。このことは、最終的には

「大きな政府」か「小さな政府」か、という議論に関わります。色々な機能を「外化」すればするほど、社会、あるいは公共の側にそれを処理するための資金がかかることは道理です。それは結局直接、間接に税金から配分されます。単純に言ってしまえば、「外化」すればするほど、行政府は「大きく」ならざるを得ない。

「福祉国家」という概念は、結局はこの「大きな政府論」に基づいているわけです。アメリカの二大政党なるものを判りやすく類型化すれば、民主党はこの「大きな政府論」に立っているわけですね。すると税金は納めずに「外化」の恩恵だけを得る人、あるいは得ようとする人が出現する一方で、多額の税金を納めている人々の間では、権利は奪われ、メリットは十分に還元されてこない、という不満が増大します。この不満に応えて、自己責任にアクセントを置き、「小さな政府」でいこうとする、それがアメリカの場合は共和党の政治姿勢だということになります。

これはアメリカの二大政党についての解説であると同時に、現代の政治の現場は、まさにこの二つの考え方のせめぎあいのなかにある、と言えると思います。日本ももちろん例外ではありません。その狭間《はざま》に、私たちは、あっちに引っ張られ、こっちに引っ張られながら、不安を増大させているのが現状でしょう。

文明化の進展によって変わる疾病《しっぺい》構造

ここに一つの面白い分析があります。ある疫学者の分析ですが、文明の発達と、社会の成員が苦しみ悩む病気との間には、構造上の対比があると言うのです。言わば社会の疾病構造の変化が、文明の進展の度合いと対応している、と言ってもよいでしょうか。

文明が初期の段階にある社会では、人々の主たる死因は消化器系の感染症になる。第二段階では、それは呼吸器系の感染症に移行する。第三段階では、生活習慣病がそれにとって代わる。

この分析は、文明開化後の日本社会にも非常によく合っています（図1参照）。例えば幕末から明治にかけて、人々が最も恐れた病気は、コレラであり、疫痢《えきり》や赤痢であり、腸チフスでありました。疫痢というのは、赤痢菌が年少者に惹き起こす激しい症状を言ったもの、というように解釈されるのが普通ですが、今では全く聞かれない言葉になってしまいました。

戦前生まれの私が子供の頃は、まだ疫痢が恐れられていましたが、例えば（父親が医者だったこともあると思いますが）バナナは皮をアルコール湿布で消毒してから剝《む》いていましたし、電車のつり革やポールなどには触らないこと、お金も（誰が触ったか判らないから）なるべく手を触れないこと、手洗いの入り口には必ず薄紅色の昇汞水《しょうこうすい》（消毒薬で、水銀と塩素の化合物。塩化水銀）が置いてあり、それで手を洗うこと、などを厳重に言われていました。これらは、言わば前代の消化器系感染症への恐れの名残でしょう。

しかし、私の生まれた昭和には、日本の主要死因には実は劇的な変化が起きていました。一九三〇（昭和五）年に主要死因の一位を胃腸炎が占めたのを最後に、消化器系の感染症は衰退し、代わって肺結核を主とする結核が一位を占めます。その後一九五〇年まで、結核や肺炎・気管支炎が死亡原因の上位を占め続けることになります。このような構造変化は、もちろん医療の成果でもあるでしょうが、文明の所産である上水道や下水道のような社会のインフラストラクチャーの整備も大いに関与していると思われます。

戦後、死因の首位となった脳血管疾患

ところが戦後再び大きな変化が訪れます。一九五一年に脳血管疾患が結核に代わって首位に立ち、結核はその後一九五七年から主要死因の五つから退くことになりました。代わって急激に増えたのが「悪性新生物」つまり癌であり、心疾患でありました。これらは、結局は生活習慣病にほかなりません。この構造は今日まで変わらずにおりますから、現代の日本社会は、上の分析によれば文明の第三段階にある、ということになりましょう。

しかし、例の疫学者の分析には、もう一つの段階が残っているのです。つまり第四段階です。これが最終段階ということになるのですが、生活習慣病もそれなりに克服された状態で、社会の成員が何に苦しむか、と言えば、社会との不適合である、と言うのです。つまり、自分が生

図1　死亡原因上位5位の経年変化

年次	第1位	第2位	第3位	第4位	第5位
1920	肺炎及び気管支炎	胃腸炎	全結核	インフルエンザ	脳血管疾患
1930	胃腸炎	肺炎及び気管支炎	全結核	脳血管疾患	老衰
1935	全結核	肺炎及び気管支炎	胃腸炎	脳血管疾患	老衰
1940	全結核	肺炎及び気管支炎	脳血管疾患	胃腸炎	老衰
1950	全結核	脳血管疾患	肺炎及び気管支炎	胃腸炎	悪性新生物
1951	脳血管疾患	全結核	肺炎及び気管支炎	悪性新生物	老衰
1955	脳血管疾患	悪性新生物	老衰	心疾患	全結核
1960	脳血管疾患	悪性新生物	心疾患	老衰	肺炎及び気管支炎
1965	脳血管疾患	悪性新生物	心疾患	老衰	不慮の事故
1970	脳血管疾患	悪性新生物	心疾患	不慮の事故	老衰
1975	脳血管疾患	悪性新生物	心疾患	肺炎及び気管支炎	不慮の事故
1980	脳血管疾患	悪性新生物	心疾患	肺炎及び気管支炎	老衰
1985	悪性新生物	心疾患	脳血管疾患	肺炎及び気管支炎	及び有害作用
1990	悪性新生物	心疾患	脳血管疾患	肺炎及び気管支炎	及び有害作用
1995	悪性新生物	脳血管疾患	心疾患	肺炎	不慮の事故
2000	悪性新生物	心疾患	脳血管疾患	肺炎	不慮の事故
2001	悪性新生物	心疾患	脳血管疾患	肺炎	不慮の事故

資料:厚生労働省統計情報部「人口動態統計」による

きている社会環境それ自体が、苦しみの主要原因である、ということになります。

確かに、生活習慣病というのは、複数の遺伝的な要素と、その個人が送ってきた過去の生活の歴史（例えば喫煙、塩分の取り過ぎなどなど）との相関関係のなかから発症するものですから、一旦発症してしまえば、根治は望めません。言わば死ぬまで、その病気とともに生きていかなければならないわけです。

逆に見れば、うまくコントロールさえすれば、必ずしも致命的にならずに、何とか死ぬまで、その病気を馴らしつつ生きていくことができるとも言えます。ある種の癌の場合は、少し事情の違うところもありますが、全般的に見ればそうでしょう。高齢社会というのは、まさにそうした生活習慣病を抱えた人々が社会のかなりな部分を占めるという社会でもあるのです。だから健康保険制度が危機に瀕《ひん》することにもなりますが、それはまた別の議論です。

さて、社会の成員が社会に対して違和感を持ち、自分が社会のなかでのあるべき場所を見出していないという感覚は、現代社会のなかでも重要な問題の一つになりつつあります。例えば現在自殺者が急増していることが問題になっています。壮年の男性がいわゆる「リストラ」に遭ったとき、将来の経済的不安から自ら死を選ぶ、というような事態がしばしば新聞などでも報じられます。でも私は、これは全くおかしな説明だと思います。その理由を説明してみましょう。

社会によって異なる不安

太平洋戦争の敗戦の前後、私たちは、明日のご飯どころか、次の食事が食べられるかどうか、不安でいっぱいでした。配給という制度があって、米は、農家が政府にすべて供出した上で、それが国民の一人ひとりに平等に「分配」されるという建前でした。しかし、その頃の配給は、とても人間が生きていくために十分な量を確保できないままに、言わば名目だけのものになってしまっていました。農家はもっと儲かる市場（もとより法律的には「違法」の）、つまり「闇市場」に米を流して大儲けをしていましたが、それを買えない人々は、とても十分な米を得ることができませんでした。

米だけではなく、生活必需品の多くが配給制度になっていましたが、闇のものを買うのを潔《いさぎよ》しとせず、配給の物資だけで生活をしようとして、ついに餓死をした山口という判事が、大きな話題になったのでした。私が今生きているのは、明らかに私の両親が法律を犯して、闇米やその他のものを買ったおかげです。宮沢賢治の有名な詩『雨ニモ負ケズ』は国語の教科書に載っていました。そのなかに「一日ニ玄米四合ト　味噌ト少シノ野菜ヲタベ」という件《くだ》りがありますが、そのころ、教科書では「三合」にしようという議論がありました。政府の方で、とても配給で「四合」など保証できかねる、という配慮だったのでしょう。もっとも敗戦前後には、「三合」の配給はおろか「二合」さえままならぬ状況でした。

念のために書いておきますが、今の米の消費量から見れば一人四合はもとより、三合、あるいは二合でさえ多過ぎるという印象があるでしょう。しかし、今とは全く食糧事情が違って、主食の米こそが、基本的に栄養摂取源であった時代であることを、是非理解していただかなければなりません。

さて何が言いたかったかと言えば、今は次の食事を心配することは原則的にはあり得ません。生活保護制度、慈善活動その他、「食べていく」こと自体には絶対的な不安はないはずです。働かず、それゆえに生活の資金を得ることから離れているホームレスの人々も結局は「食べて」います。逆に敗戦前後には、人々は将来への極度の不安、今とは比べものにならないほどの、「食べられるか」という不安に駆られていました。しかし、その頃人々はその不安のゆえに自殺などしませんでした。つまり今自殺する人々の間には、一見将来への経済的な不安に駆られて、ということが原因であるように思われる例が多いことは確かですが、それは表面的な理由に過ぎません。

現代社会そのものが、そうして職を失った人々を絶望させるような性格の社会であり、敗戦前後の社会はそのような性格のものではなかった、ということを私たちは考えなければならないと思います。文明が極度に発達した現代社会そのものが、その成員にとって決して優しく豊かに暮らせる社会ではない、そのことが、こうした考察から見て取ることができましょう。

こころの病

もう一つ、世界保健機関（ＷＨＯ）の二〇〇一年の統計で、興味深いものがあります（図2参照）。要するに精神障害の患者数が、全患者数に対してどのくらいの割合か、ということを示したものですが、それによると、北米大陸とヨーロッパ大陸とが全く同じ数値で四三パーセント、これに対してアフリカ大陸では一八パーセントという歴然たる違いがあるのです。つまり文明化の程度が高い地域では、精神に障害を持つ人の数が圧倒的に高くなる、ということを如実に示したのが、この表だと思います。

もちろんアメリカ社会は、極度に「精神分析医」の普及した社会で、人口より精神分析医の数が多い、などというジョークがまかり通ってもいますから、そこで精神障害患者の数が多いのは、それだけでうなずけます。精神障害の病気は、精神科医が造るという、多少真理を含んだジョークもあります。しかし、そのような状況にないはずのヨーロッパでも数値が変わらない、ということは、アメリカに特化した現象なのではなく、やはり文明の発達程度と精神障害の発生率との間のある種の相関を示している、と考えるのが妥当ではないでしょうか。

文明の発達した社会が、その成員にとって決して好ましい、安心のできる環境とは言えない。

図2　YLDsで見た全世界における全障害者中に占める精神障害者の割合(%)

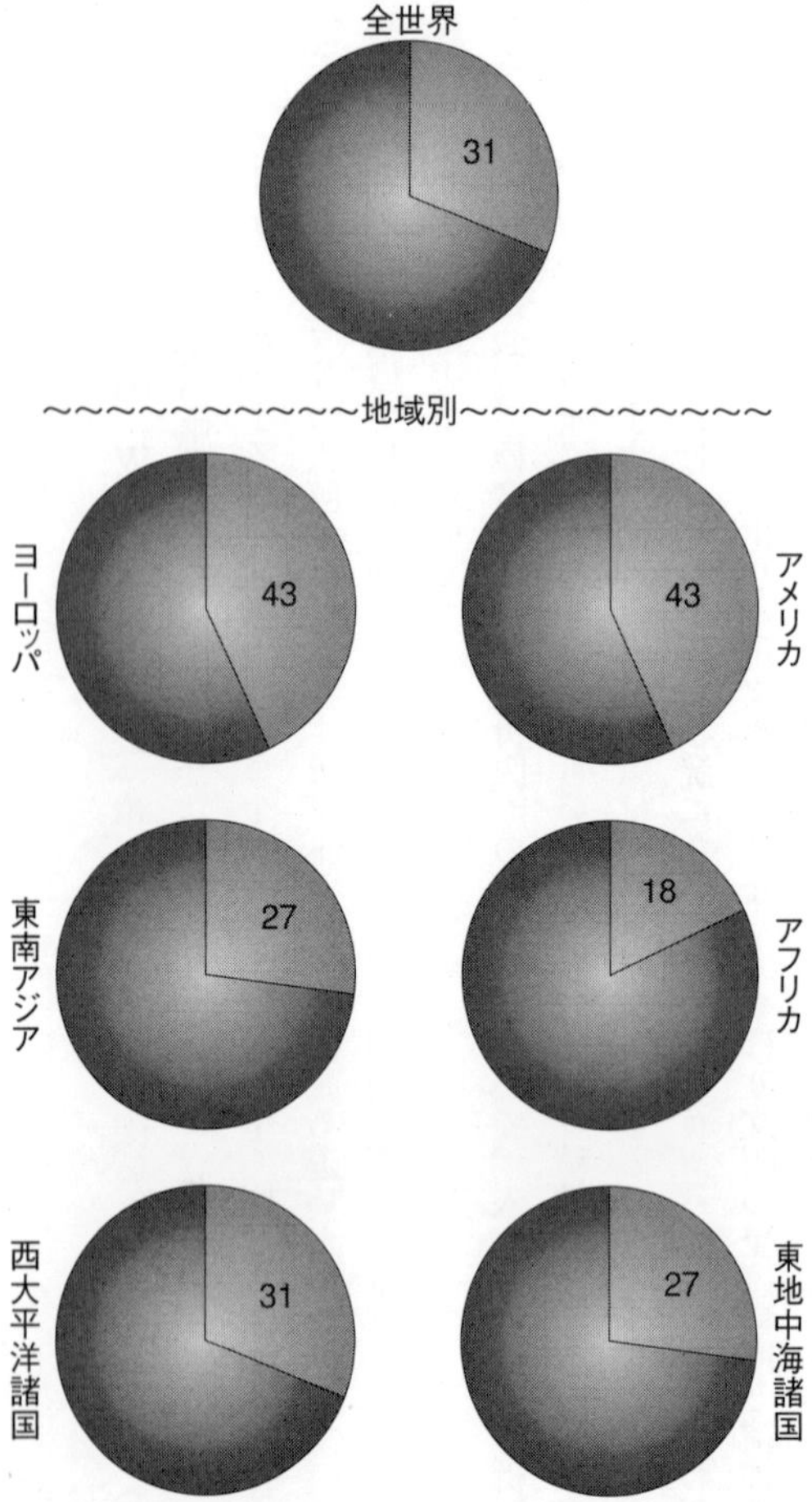

資料:「The world health report 2001- Mental Health: New Understanding, New Hope」(WHO)
注:YLDs(Years of life lived with disability)

これは確かな事実のようです。

「安全」でも得られない「安心」

こうして見たとき、私たちは、自然災害や人工物のもたらす危険だけでなく、社会自体のなかに含まれている不安の原因をも背負い込んで生きているということになります。

そのことは、結局先ほど後回しにした問題、「安全」と「危険」、「安心」と「不安」という構図のなかにある区別や意味を少しはっきりさせなければならないところへ、私たちを誘います。言い換えれば、危険が除かれ安全になったからと言って、必ずしも安心は得られない、ということにもなります。例えば、先ほど触れた「杞憂」という概念は、まさしくこの点を衝《つ》いていますでしょう。誰も天が崩れ落ちるという「危険」の可能性をまともに考えません。それでも、問題の杞の人の「不安」を取り除くことはできないのでしょう。

日本の現場で、このことが最も顕著に表れているのが原子力の世界ではないでしょうか。原子力発電の世界では、日本の現場のサイトで死者は一人も出していません。もっともサイトでの死者が皆無である、というのは間違いです。例えば二〇〇〇年八月には北海道電力の泊《とまり》発電所で、作業員の方が亡くなっています。しかし、これは定期点検中に、あるタンク内で清掃作業に従事していた作業員が梯子から転落して助からなかったケースで、もちろんこうした事故をも防ぐ努力は積み重ねられなければなりませんが、こうした事故は原子力発電所以外のあらゆるサイトで起こり得ることで、原子力産業特有のものではありません。二〇〇四年に起こった美浜事故もまた同様です。

しかし、JCOの事故で亡くなった方があるではないか、と言われる方もいるでしょう。たしかにあの事例は原子力産業に特有の放射線による死者ですが、発電所の現場で発生したものではありませんでした。つまり、原子力発電の現場は、他のさまざまな現場に比べても、客観的な安全性においては優れていることはあっても、決して「より危険な」ものではありません。しかし、人々が原子力発電に抱く漠然たる不安は、どうしても払拭《ふっしょく》されません。この点は章を改めて論じることにします。

安全や危険というのは、ある意味では科学の方法で数量的に評価できる世界です。定量的な方法で表現することができるものです。一例を挙げれば、経済産業省の原子力安全・保安院が、現在の原子力関連施設に航空機が事故で飛び込んで致命的な結果をもたらす確率を計算して発表したことがあります。一〇〇万年に一回でしたか、もう一桁小さかったか、とにかく、そうした確率を計算して示すことができるのが「リスク」であります。それを裏返せば、それだけの安全が確保されている、と言い換えてもよいでしょう。しかし、そうした数値が人々に「安心」を与えるか、と言えば、そうはなりません。

そのことは一方ではむしろ合理的です。それはこうしたリスクの評価は、あとで詳しく述べますが確率的に扱われることと関連しています。例えば、天気予報では降水確率という数値が大事な役割をしています。何々地方の午後三時から六時までに雨の降る確率は四〇パーセントです、といった予報が行われます。さて私がその何々地方の人間で、しかも問題のその時間に外出しなければならない、とします。私はどうすればよいのでしょうか。四〇パーセントだけ傘を持っていく、ということはできません。私にとっては、傘は持っていくか、持っていかないか、そのどちらか、つまり1もしくは0という判断であって、統計的な確率の数値は何の意味もないのです。

統計とか確率的な方法に意味があるのは、いわゆる「アンサンブル」つまり多くの事象の集まりに関してであって、単一の事象に関しては、意味をもたないと考えざるを得ません。もちろん心理的な意味はあるでしょう。慎重な精神的傾向をもった人が、四〇パーセントという数値を聞けば、では傘を持っていこう、という心理になることは十分に考えられます。一方大まかな心理の持ち主なら、傘は持たないとも考えられます。

このことはいずれ医療の問題を取り扱うときに再論する機会があると思いますが、医療ではきわめて深刻です。医師が診断し、治療方針を決定するとき、医師の念頭にあるのは、明確に過去の事象（医療の世界では「症例」ということになります）群であり、選択肢となる治療法のそれぞれについての、成功例と失敗例の統計です。そのなかで、最も成功する確率の高い選択肢を選ぶのが、医師の責任でしょう。そのためにも、事象の母集団の数は多ければ多いほど、確率計算の信憑性《しんぴょうせい》も高くなるはずです。

しかし、患者にとっては、過去の成功確率は無意味でしょう。自分に対しては、それは成功するか、しないかのどちらかでしかないのです。仮に医師の知る限りでの知識で、過去に一〇〇例のすべて成功例であったとしても、なお、この自分に適用されたときに、それが成功例になるかどうかは、判りませんし、成功しない例になってしまうことは、過去の一〇〇パーセントの数値にかかわらず、必ず可能性としては残ることになります。したがって、患者の立場では、不安が解消されないことには合理的な理由がある、と言わなければなりません。

「安全」と「安心」の違い

安全の追求、危険の予知、評価、それに基づく危険除去の方法、こうしたことは、いわゆるリスク・マネージメントという分野が関わってきたことであり、それは人間工学などの分野と手を結びながら、それなりに大きな成果を収めてきました。今後も、そうした事態は変わらないでしょう。変わらないどころか、日本では、まだそうした分野での徹底した事例集め、分析、評価、対応策の提案というような流れが、なかなか完全に徹底した形で普及しているとは言い難い状況が目に付きます。

その意味では、「安全―危険」という枠組みのなかで、しなければならないことはまだ沢山あります。けれども、それを達成するだけでは、現代の不安を解消することはできないでしょう。不安は、その反対概念である安心も含めて、定量的な扱いから大きくはみ出る世界です。不安を数値で表すことはできませんし、安心の度合いを数値化することも困難です。

実際、現代社会の人々の問題は、すでに欲求の充足からはずれ始めています。かつては、欲求の充足が、人々の心理の中心を占めてきました。今でも「欲しい」もの、「欲しい」ことを探し求める営みが終わったわけではありませんまい。その上、経済活動の側から見れば、人々の欲求、つまり不足の感覚は、無理をしてでも造り出すべきものと考えられてきました。日本を代表する自動車産業のトップが、需要とは見つけるものではなく、造り出すものだ、と述べたのは、まさしくそうした感覚の発露であったでしょう。

しかし、今人々の心の中心を捉えかけているのは、もはや「不足」ではなくて、「不安」なのではないでしょうか。不足には満足が対応します。そして、不足と満足は、どちらも心理的な側面の強い概念であるにもかかわらず、ある程度数値化が可能なものです。満足度はしばしば統計的データのなかに登場しますし、不足もまた、色々なマーケット・リサーチなどで、定量的なデータとして扱われます。しかし、不安と安心とは、そうした扱いの上に乗り切らない世界でもあります。

私の提唱する「安全学」とは、そうした意味で、「安全―危険」の軸と、「安心―不安」の軸と「満足―不足」というような軸を、総合的に眺めて、問題の解決を図ろうとする試みと理解していただければ幸いです。それこそ「満足」のいくような結果が得られるか否か、いささか心もとない「不安」もあるのですが、それを読者の皆さんと考えていくことにしたいのです。

第一章　交通と安全——事故の「責任追及」と「原因究明」

年間八千人の犠牲者を出す交通事故

すでに序論でもお話ししましたように、国内での事故死者の数は、確かにこのところ減っています。一つには市街地では渋滞が日常化していて、あまりスピードを出して走れない、というような事情もあるかもしれませんが、全体として見れば、事故対策がある程度の効果を見せてきている、と考えられます。

さらに最近飲酒運転に関する罰則が強化され、酒類を提供した側にまで、罰則が及ぶようになったため、レストランなどでも、運転を理由に酒類に手を出さない人が増えました。カップルで来ても、ワインやお酒を女性がたしなみ、男性はジンジャーエールか何かを飲んでいる、というような光景も珍しくなくなりました。確かに効果が上がっているようです。しかし、それにしても、年間八千人前後の人が亡くなっており、それに数倍する数の深刻な障害者が生まれていることは、本来ならば由々しき問題であるはずです（図3参照）。

また、航空機事故もときに起こって、大きな悲劇を生み出しています。昔に比べれば格段に移動速度が大きくなったことを享受するためには、それほどの犠牲を払わなければならないのでしょうか。それとも、もっと劇的に事故や、それによる犠牲者の数を減らすことができる余地が、まだ残されているのでしょうか。

図3　道路交通事故による交通事故発生件数、死傷者数及び死者数の推移

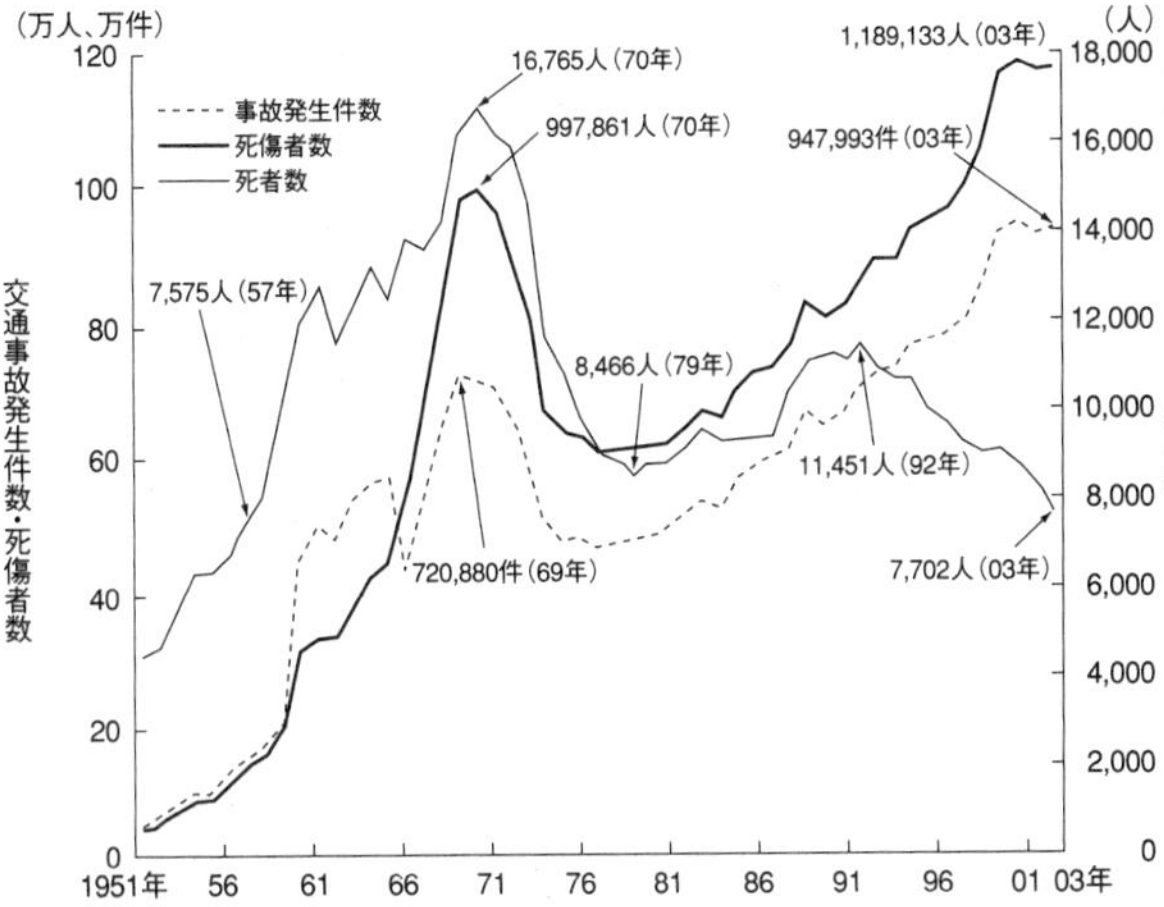

資料:「警察白書」(警察庁)「交通安全白書」(内閣府)などによる

古典落語にはよく旅の話があります。『三人旅』はそのものずばりですし、ほかにも『大山詣《まい》り』など数多くあります。そうした演《だ》し物の「枕」でよく使われるのが「三枚」という言葉です。昔は乗り物と言えば駕籠《かご》、馬、船くらいしかなかったという決まり文句があって、吉原通いの猪牙舟《ちょきぶね》の話題があって、駕籠の話になる。二人で一人を担ぐ「間抜けな」乗り物が駕籠ということになります。

それを、もう一人付けて三人で担ぐと、駕籠としては「急行」になる、これを「三枚」と言う。だから、明治から大正にかけては、「ものごとを早く済まそう」というとき「三枚でいこうぜ」などと言う。四枚はあったのか、いやなかったでしょうな、「しまい」（四枚と終いとをかけた駄洒落《だじゃれ》）だから、てな、くすぐりを得意

にしている師匠もいましたっけ。

日本橋を発って、最初に泊まるのは普通は神奈川の宿《しゅく》、というペースで東海道を下るわけですから、箱根の関所に着くまでに三日くらいはかかってしまうのが当たり前。もちろん飛脚や訓練を積んだ武芸者などは、もっと速かったでしょうが、新幹線なら、東京から小田原まで三〇分程度、車を使ってもたかだか二時間、というわけですから、いまさらですが、高速化には驚かされます。列車でも、新幹線が生まれるまでは、首都圏から関西圏への旅は一日仕事だったのですから。

高速化の立役者は、高速鉄道、自動車、そして飛行機です。幸い日本の高速鉄道、つまり新幹線は、国際的に見ても、見事な成功例で、特に最近の過密とも言えるダイヤが、概ねは時間通りに主要都市を結んで走り回っている上に、鉄道システムそのものに由来する本格的な事故は、開業以来起こっていない、という優等生振りを発揮してきました。二〇〇四年の新潟中越地震では、営業運転中初めての脱線も経験しましたが、その安全対策の有効性がかえって話題にもなりました。それだけに、テロリズムの対象にもなっているらしく、JR各社も神経を尖らせていますが、システムという面から見たときの安全性は出色と評価してよいでしょう。

事故情報が共有化されないシステム

しかし車を中心とした交通システムでは、安全対策はまだまだなすべきことがあるというのが私の率直な意見です。どこが問題なのか。色々な領域を論ずるときにいつも問題にしてきた、事故情報に関する問題から始めましょう。現在交通事故に関する情報は、二つの組織に独占されています。その一つはもちろん警察で、他の一つは保険会社です。そして第三者機関による事故情報の共有という、決定的に重要な途がほぼ完全に閉ざされているのです。何故か。

先日興味深い経験をしました。ある新聞社の社会部の記者が電話をかけてきたのです。彼女は、私が第三者機関による交通事故の情報の収集、蓄積、公開をあちこちで説いていることを、どこかで耳に挟んだのでしょう。ある交通事故について、どう考えるか、意見を聞かせて欲しいと言いました。しかし、話がどうも食い違っていくのです。そこで、最初から詳しく話を聞き直しました。それで次のことが判ったのです。

ある地域で、パトロールカーにまつわる交通事故がありました。被害者（パトロールカーの乗員ではない）が、事故の調査に不満をもっていて、その理由は、調査が警察の手で行われていることから、仲間意識で、パトロールカーの振る舞いの正当化に終始しているという印象をもっている、こういうときに第三者機関による調査が行われるべきではないのか。これが話のあらましでした。私の主張、つまり第三者機関による事故調査、という概念が、ジャーナリストにさえ、こういう意味で理解されていることを知って、少し悲しくなると同時に、啓発活動がもっと必要だと、感じたことでした。

確かに警察が関与した交通事故について、調査が同じ警察の手で行われることに納得がいかない人もいるでしょう。そうした人が、第三者機関の調査に期待するのも、あながちおかしなことではないと言えます。しかし、交通事故の調査が、警察（と保険会社）に独占されていてはいけない、と私が言い続けているのは、全く異なった視点からなのです。

上の「被害者」やそれを支援しようとしている社会部の記者が、第三者機関の調査に期待しているのは、「中立的」な調査でありますが、もう一つそこに期待されていることがあります。その事故の責任が誰にどのように当てはめられるべきなのか、という判断ができることであり、暗々裏には、警察の調査では、パトロールカーには責任がない、ということになっているが、本当は、パトロールカーにも相応の責任がある、という結論を引き出したい、という欲求が働いてもいます。そこが問題なのです。こうした、事故の責任（刑事上、あるいは民事上の）の糾明という観点は、実は警察の事故調査にも付きまとっています。いや、論理的に言えば、まさに、だからこそ、この事件での警察の調査結果、つまりパトロールカー無過失論（無責任論）に、「被害者」の方が不満を抱いたのでもあるのです。

事故の調査がそういう観点、つまりは責任の追及という観点から行われる（警察の仲間かばいがあったとすれば、それはそれで問題ですが）ことは、確かに必要です。けれども、事故の調査が、そういう観点だけから行われる（保険会社の調査もまた、それが支払い額に直接響いてくるのですから、当然ですが）ことが問題なのだ、というのが私の論点なのです。

事故原因の究明が次の事故を防止する

このような論点は、航空機事故における過去の経験から導かれることだと言ってよいでしょう。航空機事故では、事故の責任を問うための材料を集める警察の調査のほかに、警察とは独立の第三者機関が事故調査を行うことが国際的に慣行化されています。その調査は、警察が縄を張ったなかに立ち入ることも、関係者から事情を聴取することも、自由に認められています。

日本の場合は、設置法という法律によって定められた事故調査委員会は、運輸省（現・国土交通省）に直轄の形になっていますので、「第三者」という点で問題を指摘する識者もいますが。それと日本の法律では、鉄道事故の調査も、この委員会の所轄《しょかつ》として定められています。しかし、日本の場合でも、（警察とは）「独立」に調査を行うことが強調され、事故原因の究明と、それに基づく防止策の提言とが、主要な目的として掲げられています。

念のために、アメリカの組織をご紹介しておきましょうか。アメリカでは、議会管轄下の連邦組織としてＮＴＳＢ（National Transportation Safety Board）があって、行政組織とは完全に独立しています。この組織の所管は、公共の使用に供されている航空機の事故、高速道路における事故、鉄道事故、海上の船舶事故、パイプライン事故などに及んでいます。この組織の特徴は「将来の事故を予防するために、安全に関する提言をすること」であり、そのための調査、データの管理などを引き受けています。この組織も一九六七年に発足したときには、財政的にも組織的にも、連邦政府内のDOT（Department of Transportation 全米交通局）に帰属していましたが、一九七五年に、その傘下《さんか》を離れて、完全な独立組織になりました。何故行政や警察から「独立」な調査が必要なのでしょうか。行政は法規制などに責任があるので、事故の当事者になる可能性があるからとも言えましょう。警察の場合も、範囲を航空機事故に限れば、それはかなり特殊な領域で、高度な専門的な知識が、しかも広範に絡んできます。

警察に、そのような能力を常備せよ、と言うのは無理な注文である、という理由もないではないでしょう。しかし、問題の本質は、もう少し違うところにあります。それは先ほどの「責任の追及」に関わります。日本の航空事故調査委員会設置法の条文のなかには、事故の「責任の追及」という文言は一切現れません。「責任の追及」は警察の調査に任せてあるのです。そうではなくて、「原因の究明」こそがその仕事というわけです。この二つは別々のものなのでしょうか。「原因」が究明されれば、自ずから「責任」も明らかになるのではないでしょうか。

必ずしもそうではない、と考えられるからこそ、事故調査委員会の働きが必要になる、それがこのような制度を生んだ考え方でしょう。本書では、何度でも繰り返すことになりますが、事故情報は、「宝物」なのです。

何が、何時、何処で、どのようにして、起こったのか、これを何分の一秒単位で、詳細に突き止めること、例えば、そこに人間の誤判断や誤操作（つまりヒューマン・エラーですね）があったとしても、それを非難したり、責任を問う前に、確実に起こったことの詳細を把握すること、それが、今後同じような事態になったときに、悪い結果を起こさせないような対策――それが「フール・プルーフ（fool-proof ミスをカバーできる）」や、「フェイル・セーフ（fail-safe ミスがあっても安全）」の仕組みを前進させることです――を講じるために、決定的に重要な材料になります。

思いがけぬときに思いがけぬことが起こって、事故になります。「思いがけぬ」ことは、予《あらかじ》め推測ができない（だからこそ、「思いがけぬ」でしょう）ことです。人間の想像力には悲しいかな、限界がありますから、色々と想像力を駆使して、事故の可能性を予め推測して、対処はするのですが、でもあらゆる可能性を予め想定することは、神ならぬ人間には不可能なのです。その隙間を衝いて事故が起こる。そうだとすれば、事故情報は、人間の想像力の限界を補ってくれる、文字通りの「宝物」です。この「宝物」を掘り出し、大事に保管して、対策を更新し、改善するために利用する、それが、事故調査委員会の使命なのです。

警察の行う「責任追及」の調査では、誰もが自分の責任を重くしたいとは思いませんから、起こったことの正確、かつ詳細な把握に繋がるような証言が十分に聞けるとは限りません。実際航空機の事故調査でも、警察の事情聴取では決して表に出なかったような事実が、事故調査委員会の調査で、ぽろっと出てくる、というようなことがまま起こっています。

航空機の「フール・プルーフ」

航空機の場合には、厳重に保護されて、事故後も破壊を免れるように配慮されたフライト・レコーダーやボイス・レコーダーがあって、それだけでも、何が起こったのか、という点での情報が保存されるようになっています。それに事故調査委員会の調査結果とが相乗効果を発揮して、大切な技術的改善が導かれたという実例は、数知れません。ここでは一例を挙げるだけにしましょう。

ある機種の旅客機で、着陸寸前に失速するという事故が何例か起こりました。事故の原因はやがて判りました。着陸後、ブレーキの一つとして、主翼の後ろの部分にスポイラーという部分翼を立てます。このスポイラーを立てる、という操作は、空中でもときに必要になりますので、自動とマニュアルが選べるようになっています。自動を選びますと、着陸の際の接地が引き金になって、自動的にスポイラーが立ちます。マニュアルを選びますと、当然、ギアを操作したときにスポイラーが立ちます。着陸の際は通常自動が選ばれます。着陸態勢に入ると、多くの場合、副操縦士が、自動の位置に専用ギアを入れます。ところが、失速事故は、結局このギアの誤操作で、自動の位置に入れたつもりが、マニュアルの位置に入ってしまったために、その場でスポイラーが立ち、ブレーキ現象を示したことが原因であったことが判りました。つまり、判った事故の原因は、副操縦士の不注意による「ミス」だったことになります。

しかし、問題は、操作する人間が「ミス」をしないように、注意を促すだけでは解決しません。着陸態勢に入ったときのコックピット内は、色々な操作が輻輳《ふくそう》した状態で、いやが上にも注意力が要る状況ですが、それでも、いやむしろ、それだから、こうした不注意によるミスが起こるとすれば、問題の解決は、「不注意」の是正（それが必要ないとは言いませんが）ではなくて、不注意があってもなお、致命的な結果に陥らないようにする技術的工夫にあります。つまり「フール・プルーフ」です。この場合問題なのは、ギアにおける自動の位置とマニュアルの位置とが、同じ動作線の上にあったことです。つまり不注意が起これば誤操作もあり得る、ということを前提にした上で、ギア操作のデザインが十分に配慮されていなかった、という「不備」があったことが、指摘されることになりました。

「ナチュラル・マッピング」

こうした機械や装置の設計に当たっては、人間工学、あるいは安全工学の発想が欠かせないことは言うまでもありません。別の章で体系的にお話ししようと思っていますが、例えばナチュラル・マッピングという考え方があります。これは操作パネルなどの設計に当たって、「自然」であることを一義に立てることを意味しています。部屋に入って照明を点けようと、スイッチに手を伸ばします。それがとんでもない位置にあることはあまり考えられませんが、大きな部屋の天井に、いくつも照明器具があって、それらが独立のスイッチで点滅される仕組みになっているとします。

そのとき、スイッチのパネルの前に立った人にとっての、照明器具の並びが、パネル上のスイッチの並びと一致させてあるようなパネル・デザインを「ナチュラル・マッピング」と言います。もっと簡単な例で言えば、自動車を運転するとき、右にハンドルを切れば右に曲がり、左にハンドルを切れば左に曲がるように設計されているのも、こうしたアイディアの表れです。技術的に見れば、逆にすることも簡単なのですから。

ギアの設計にも同じことが言えますでしょう。同じスポイラーについての操作であれば、自動もマニュアルも、同じ一つのギアで、しかも同じ動作線上で操作が行えるようにする、これも当たり前のようですが、こうした設計についての考え方の結果であるとも言えます。しかし、今お話ししたような事故の場合は、これが裏目に出ているのですね。

そこで、同じギアを使うにしても、自動とマニュアルの位置は、同じ動作線の上に並べずに、言い換えれば「自然な」流れに任せずに、意識的に操作して初めてどちらかに決まる、というような形に、動作線を設計し直すことが求められました。そして、デザインがこのように改められて後は、同じ種類の事故は起こらなくなりました。

実はこのようなアイディアは、自動車のギア操作にも取り入れられています。現在のオートマチック車のギアでは、後退や駐車の位置は、一直線上の動作線にはなく、わざわざ曲げた線の上にあって、意図的、意識的にそこへギアを落とし込むのでなければ、「自然」には入らないように工夫されているのが普通です。

これも同じ動作線上にあると、何かの拍子で、「自然に」そこに入ってしまうこと（マニュアル車では、ギアが間違った位置に入っていても、クラッチを繋がなければ、問題は生じませんが、オートマチック車では、エンジンがかかっている限り、ギアがどこかに入れば、車はその位置に従った振る舞いをします）による事故が重なったことから、教訓を得た結果なのです。

話を戻すと、スポイラー事故は、確かに乗務員の不注意なミスが原因であるには違いありませんが、今言ったようなことが判ってくれば、不注意が起こってもなお、悪い結果を予防するように対応策を立てることが可能であるわけです。こうした技術的改善は、事故調査による詳しい分析があって初めて可能になるのであり、ここでお話しした事例は、そのことを示す典型的な実例と言うことができます。

「ヒヤリ」体験を活かす

こうした点は、実は、航空機業界だけでなく、製造業などでも、早くから気付かれ、利用されてきました。製造業のアセンブリー・ライン（流れ作業）についている労働者が、そこで起こった事故や、機転で切り抜けて事故にはならなかったものの、ヒヤリとした体験などを、持ちよって、ラインの操作手順や動作線などの改善に役立てる、というようなことは、ごく当たり前の常識になっています。アメリカに始まったいわゆる「品質管理」運動（ＱＣサークル運動）は、まさにこのような働きを一つの目標としたものですが、それが、アメリカではなく、日本で見事な成功を収めた、と言われるくらい、日本社会のなかに、そうした発想は根付いているのです。ところが、残念ながら、日本でも、そうした発想が「常識」になっている現場ばかりではないのが実情なのです。「第二章　医療と安全」では、医療の世界に、このような考え方がほとんど取り入れられてこなかった、ということを指摘しています。

ここで言いたいのは、一般の交通事故でも、車の設計などに、人間工学や安全工学の成果が取り入れられているにもかかわらず、総合的な交通システム全体という見地から見ると、このような発想はまだまだ徹底されていない、と言わざるを得ないのです。その一例が、問題にしてきた事故調査委員会です。鉄道事故までは、国土交通省直轄の委員会がカバーしています。

しかし一般の交通事故となると、「原因究明」の事故調査は、「責任追及」の事故調査の陰に隠れて、本格的な性格のものになりきれないのです。例えばフランスやドイツでは、交通事故にも事故調査委員会が設けられています。ドイツでは、メルセデス社（現ダイムラー・クライスラー）が音頭をとって、法律改正などに踏み切って実現したと聞いています。

警察の事故調査の問題点は、結局、それが刑事上、民事上の責任追及を主眼としたものであること、並びにプライヴァシー保護の名目の下で、情報が内部に囲い込まれていて、一般に共有されないことです。保険会社が握っているはずの情報も、企業秘密として、一般に共有することはできないのが普通です。それでは、色々な面を総合的に分析したり判断したりする機会が奪われているということになりかねません。

常在するリスクを軽減化する試み

もう一つの問題点は、警察の調査が「責任追及」に主眼点を置いていることの副産物だと思いますが、何らかの法律違反、不注意、乱暴な行為などを「咎《とが》める」立場にある警察として、そこで得られた情報が、改善の可能性を開いてくれる「宝物」として、十二分に利用しようとする方向には向かい難い、という点を指摘できるように思います。

別の言い方をしてみましょう。私たちも、若者が無謀きわまりない運転で事故を起こし、死亡した、というような報道を目にすると、反射的に、自業自得ではないか、そんな人間は死んでも仕方がない、というような感想を抱いてしまうことがあります。いや、警察が、乱暴運転するような連中は死んでもいい、と考えている、と言うのではありませんよ。

しかし、無謀な行動や、愚かな不注意がなければ事故は起こらなかった、という発想が、支配しがちであることは確かなようです。でも、考えてみれば、愚行は死で贖《あがな》われるべきものというわけではありません。たとえ愚かな不注意であっても、一瞬の乱暴の行動であっても、当事者が死んでよいことにはなりません。まして交通事故の場合は、当事者の愚行が、当事者だけの被害にとどまらないことが多いのですから。

一例を挙げましょう。アメリカでの話です。アメリカでも、フリーウエイに沿って、電力線や電話線が延びています。当然都会地以外は地中化されていませんから、電柱が道路脇に並んでいることになります。そこで、フリーウエイを走る自動車が、電柱にぶつかる事故も決して少なくありません。さて、この道路脇に立つ電柱に、最近異変が起きています。新しいタイプの電柱にどんどん置き換わっているのです。これまでの電柱は、コンクリート製で、日本でも普通に見かけるものでした。新しい電柱もコンクリート製ではありますが、根元と中間部に二つの継ぎ手があります。根元の継ぎ手はある程度以上のショックで外れるようになっています。中間部の継ぎ手は、外れませんが、そこで自在に曲がるようになっています。

自動車がこの電柱にぶつかると、根元の継ぎ手が外れます。同時に真中の継ぎ手が曲がります。継ぎ手が外れると電柱は根元から跳ね飛ぶ形になります。ぶつかった車の受けるショックは、通常の電柱の場合よりははるかに小さくなります。曲がる継ぎ手は、跳ね飛んだ電柱が、そのまま倒れて、電線を切るのを防ぎます。ショックアブゾーバーとして働き、跳ね飛んだ電柱が電線を確保しながらなお立ち直ることを促すわけです。

こうした電柱の導入で、それまで電柱にぶつかって死んでいた人が、重傷でも生き残るようになりました。重傷を被《こうむ》っていた人は軽傷で済むようになりました。無傷な人も出るようになりました。おまけに、停電などで一般の人々や電力会社、電話会社が受ける被害も軽減することができます。だからと言って、わざと電柱にぶつかる人はないでしょう。

とにかく、不注意で事故を起こした人、乱暴な運転で事故を起こした人でも、死ぬよりは怪我で済む方がよいし、重傷よりは軽傷の方がよい。社会全体の得失を計算すれば、こうした新型の電柱の導入のためにかかる費用も、無駄ではない、という発想が、ここには鮮やかに見てとれます。

リスクの恒常性

このような発想は、警察流の事故調査からは、なかなか生まれてこないものです。もっとも、先に「だからと言って、わざと電柱にぶつかる人はいないでしょう」と書きました。たしかに、「より安全な」対策が講じられたから、わざと事故を起こそうという人は、いないか、よほど稀でしかないでしょう。

しかし、こうした領域で「リスク補償」とか「リスク恒常性」などと呼ばれている考え方があって、ちょっと無視できない話なので、ここで触れておきます。例えば、シートベルト着用という問題を考えてみましょうか。現在日本では前部座席にシートベルト着用が義務付けられています。この規制で、前部座席の運転者ないしは助手席の人は、今までより少しは安全が増したわけです。

そこで、人間の心理として、「新しく対策が講じられて、より安全になったんだから、もう少し気を付けなくても、もう少し乱暴な運転をしても、構わないのではなかろうか」と考える可能性がある、というのが、「リスク恒常性」という問題なのです。つまり安全対策を講じても、リスクは減らず、結果的には「コンスタント」（恒常的）にとどまる可能性が指摘されているわけです。たしかに、そういう面もないではないと思います。

極端なことを言えば、もし、この考え方が原理的に正しいのであれば、安全対策を講じても、リスクは一向に減らないのだから、安全対策など無用である、ということになりかねません。しかし、これは経験的には間違っています。たしかに、安全対策をいくら積み重ねても、これはどんな領域でもそうですが、リスクを絶無にすることは不可能です。「杞憂」は常に「杞憂」にとどまるわけではありません。

しかし、例えば、アメリカで新しい電柱の導入でたしかに有意味な変化が、良い方向に起こっていることは事実ですし、それを考えれば、「リスク恒常性」の考え方には、一面の穿《うが》った真理はあるにしても、それがリスクを一つ一つつぶしていく私たちの努力が無駄であることを意味しない、という点は明確に述べておいてよいと私は思います。

事故を回避するハードウエア、ソフトウエア

そこで、先に例に挙げましたシートベルトに関して、今度は日本での重要な実例をお話ししましょうか。そもそも子供たちが自動車事故に遭うと、大人よりもずっと危険が大きいと言えます。車内にいても、かつては子供用のセイフティシートもなく、何かにぶつかれば、車外に放り出されたり、フロントガラスで頭を打ったり、危険がいっぱいでした。子供用のセイフティシートが義務付けられるようになっても、問題は解決されたわけではありませんでした。

例えばあるメーカーが売り出したのは、比較的取り外し・持ち運びが簡単にできるもので、その点で便利さが受けてもいました。都会の若夫婦が、夏休みに子供を連れて列車で故郷に帰るとします。故郷の家の老夫婦は、車は持っていても、小さい子供はいないので、その車には

子供用のセイフティシートは取り付けられていない。とすると、故郷で両親の車を使って子供たちと出かけようとすれば、簡単に取り外しができ、あまりかさばらずに列車にも持ち込むことのできるセイフティシートを持参すればよいだろう。こうした需要に見合うものとして開発されたのが、この簡易セイフティシートでした。いかにも利用者の便宜《べんぎ》をよく考慮した製品のように見えたのですが、安全という面から言えば、感心できるものではありませんでした。

もともと、自動車の規格は運輸省（現・国土交通省）で、その部品類（セイフティシートもそうですが）の規格は通産省（現・経済産業省）が、それぞれ管轄していましたから、規格の摺《す》り合わせが十分でなかったために、セイフティシートを十分安全が期待できるように取り付けるためのインターフェースの部分が、当初はちぐはぐで、簡易型でなくても、取り付けがなかなか難しい、という問題もありました。現在でも、セイフティシートの取り付け方の講習会が開かれたり、自動車販売会社などでも、マニュアルを用意して、「正しい」取り付け方の指導をしているくらいです。簡易型は、そうした点でも、より不安定なものでした。

こうした点を指摘したのは、子供の交通事故による死亡や負傷の事例について、警察と摩擦を生みながらも、独自に情報を集め、分析し、それを基に提言をした小児科医のヴォランタリー・グループでした。そのグループが、色々な提言ができたのは、車内にいた子供が、どのような車の振る舞いによって、何によって、怪我をし、あるいは死亡するに至ったか、その経緯をできる限り克明に調査したからでした。

ちなみにこのグループの調査によると、子供という問題を離れた一般論ですが、普通の乗用車の後部座席の乗員と、前部座席にいる乗員との間に、衝突によるショックの受け方に、本質的な差はない、とのことで、後部座席の乗員にもシートベルトの着用を義務付けるべきである、と提言しています。

もちろん子供がセイフティシートを「正しく」着用していても、あるいは通常の乗員がシートベルトを着用していても、事故による死亡や負傷を完全に防ぐことはできません。また、「正しく」ない着用の仕方は、むしろ、それらの器具を凶器に変えることさえあります。さらに言えば、法規制のある日本でも、シートベルトを嫌がって、締めないか、あるいは締めたふりをしているドライバー（タクシーの運転手によく見かけましたね）もないわけではありません。

アメリカでは、州によって、法による強制、あるいは勧告など、まちまちですが、乱暴な運転や酒酔い運転で取り締まりの対象になったドライバーでは、シートベルトを締めていないものが有意に多かったという報告もあります。つまり無謀運転をするようなドライバーは、法の規制や勧告に従いたがらない、反対に、慎重な生活態度の人間は、もともと自発的にシートベルトを着用する、と解釈できるような事態ですね。

日本で後部座席のシートベルト着用が義務化されないのは、そうしたことに権限のあるお偉方は、黒塗り車の後部座席で送迎されており、そこでシートベルトに縛られることに抵抗するからだ、というもっともらしいジョークさえ流れてきます。しかし、こうした器具が、被害を防止・軽減していることは確かなのですから、今後もさらなる改良を加えながら、活用することが重要になるでしょう。

「安全」へ導くインセンティヴの欠如

日本の自動車交通システムの安全について、総合的な対応策がまだまだ欠けていると申しました。それは、車の交通を取り囲む環境についての工夫の余地が、多く残されていることを意味しています。例えば、東京都内の主要交差点での事故を丹念に、しかも比較的時間をかけて統計的に調べてみると、目立って事故件数の多いところ、少ないところがあります。

こうしたデータは、警察も把握しているはずなのですが、民間の研究者グループの研究結果は、色々なところから制約があって、公表に手間取っている（地価に影響するなど色々絡むようですね）と聞いています。

しかし、目立って事故件数が多い交差点というのは、明らかに改善の余地があるはずです。交差点ばかりでなく、カーヴのような道路のごく普通の環境でも、事故多発地点があります。

地域の警察や安全協会が「事故多発地点」という看板を掲げているのに出くわすことがあるのも、そうした事実を物語っています。しかし、ドライバーに看板で注意を促すのも結構ですが、何故そこで事故が多発するのか、個々の事故の詳細を、ドライバーのミスも含めて克明に調査し、道路環境の側に改善すべき点がないのか、を「フェイル・セーフ」の立場から徹底的に議論、立案、実行すべきなのです。実際に北海道のある道路のカーヴにおいて、事故が多発していました。さすがに放置できなくなって、工学者、心理学者などの協力の下で、綿密な調査を行った結果、道路の傾斜角に問題があることが判りました。そこで傾斜角を変更したところ、多発していた事故が激減した、というような実例があるのです。

これもようやく最近注目されるようになりましたが、道路標識、信号、あるいは街路樹、ガードレールなどにも問題は山積しています。多すぎる標識、街路樹の葉が茂って標識を隠している、せっかく整備したミラーが取り付け角度の誤りでほとんど役に立たない、ガードレールが車の衝突で外れて、歩行者をなぎ倒した、車に突き刺さって車内の乗員を殺した、ガードレールの支柱に取り付けたねじ頭が、ひどく大きくて、走る子供が着物をひっかけてひどい怪我をした、歩道の舗装に使った透水性の煉瓦のふちが、削ってない上に、目地を埋めなかったために、お年よりが履物をひっかけて転倒する、こうした事柄は、一見些細《ささい》のように見えますが、交通環境を総合的な視点から検証すると、およそふんだんに見つかります。

その一つ一つが、実は最初から十分な安全管理の体系的な応用をしていれば、防ぐことができるはずの事柄です。ガードレール一つとっても、市街地のガードレールが、現在普及しているものほど、頑強な鋼鉄製である必要はないのです。むしろもっと柔構造にする工夫が、ガードレールによる被害を減らすのに役立つでしょう。

また市街地の道路、とくに生活道路は、直線に造る必要はないのです。一部を膨らませたり、凹ませたりすることで、無謀な高速運転を防げますし、駐車禁止にも役立ちます。こうして見ると、日本の交通環境は、過去からの慣性のなかで進んできたけれども、安全という価値を目標にした、新しい対応へと踏み出すインセンティヴにおいて、やはり配慮不足が大きいのではないでしょうか。

「責任の追及」と「原因の究明」

航空機事故は、このところ日本では幸いに無事故が続いていますが、不思議に「降れば土砂降り」ということわざのように、集中して起こる、という傾向があります。自社であれ他社であれ、一旦深刻な事故が起こると、社を挙げて対策に取り組む、事故対策室には、人材と資金が豊富に投じられ、できることは何でもやろうと、高い志気の下で、活発な安全運動が繰り広げられる。それが効を奏して、無事故の状態が続くと、志気はだんだん低下し、対策室も縮小される。

それでも、安全が維持できているではないか、ということになれば、益々安全に取り組む温度は下がってくる。そして再び事故が起こる。歴史はこうしたことを繰り返してきたように思います。そして「降れば土砂降り」現象は、そうした波動のフェーズが、どこかで奇妙に一致してしまう、と解釈することができるのかもしれません。

それはともかく、パイロット仲間では、フライトとは、大部分の退屈な時間プラス時折挟まれるパニックである、という言い方があるそうですが、「魔の時間」と言われる離着陸のときを除けば、概ねは本来「安全」が保証されていると考えられています。そうした状態をかち取るまでには、過去に随分多くの犠牲を払ってきたのでもありますが、旅客機ほど、自動化が進むと同時に、管制システム、国際協定などで、飛行環境が「保護」されている乗り物も少ないでしょう。問題の離着陸でさえ、そうした外部の保護システムの豊かな支援が得られるようになっています。また、前にも述べましたが、乗務員の心身の健康管理も、他の業務に比べれば、かなり手厚くなっています。

それでも事故は起こりますし、そのなかには人間のミス（ヒューマン・エラー）によるものも、常に含まれます。もっとも、航空機事故が「頻発」している、というのは当たっていませんし、よく言われることですが、利用者の移動距離を分母にしたときに、事故に遭遇する確率は、他の交通機関、特に自動車に比べれば、はるかに低い（ほぼ一桁低い）ことも確かです。しかし一旦事故が起こると、民間旅客機の場合は、まとまった数の犠牲者が出ますし、本格的な事故であれば、助かる確率が非常に少なくなることも、航空機事故を印象付けるのに役立っています。

そうした環境のなかで、事故情報の徹底的な収集、分析と、それを次の改善に役立てるシステムを造り上げる、という点では、有数の現場になっています。さらに国際的に、ヒューマン・エラーに起因する事故であっても、民事上はともかく、刑事上は、乗員の責任を追及することを慎もう、とする司法の姿勢が生まれてきていることは注目に値します。

犠牲者の家族の心情からすれば、必ずしも納得がいかないのは承知で、なお、そういう傾向の判決の下される例が、ここ一〇年近く目立つようになりました。その背後には、やはり「責任の追及」よりも「原因の究明」と、それを将来の「改善」に結びつける方が、結局は公共の利益になる、という判断があるものと思われます。

過去に学ばないものは、同じ過ちを繰り返す。こんな意味のことわざや言い伝えが、世界の各地にあるようですが、この点こそ、実はどの現場であろうと、安全の問題に取り組むときの黄金律である、ということを、私たちは忘れないようにしなければなりません。

第二章　医療と安全——インシデント情報の開示と事故情報

失敗（事故）から学ぶ

もともと私が安全の問題を考え始めたきっかけは、すでにいくつかの機会に明らかにしてきましたように、医療の問題に関わったからです。

もう二〇年前になります。一九八〇年代の初め、今のように誰もが安全という言葉を口にする時代ではありませんでしたが、ある医療倫理の研究会に加えて戴いたことがありました。そのときメンバーのお一人に、K大学病院の院長であったS教授がおられました。S教授は自分の病院で試験的に「安全カンファレンス」という制度を実施している、という報告をされました。

私には全くの初耳の事柄でした。月曜日の朝、各科の責任者を集めて、前の週に自分の管轄下で起きた、あるいは起きかけた事故、異常事象などについて報告する、というカンファレンスなのだそうです。先回りをしますが、ここ五、六年の間に、この制度は「インシデント・リポート」という名称で、主要な病院に普及しつつあります。

問題は、報告してからどうするか、でした。当時私は、「人間工学」(human engineering)、あるいは「人間中心的工学」(human-centered engineering)に関心をもっていました。そしてそうした学問で使われる一つの方法、つまり「過ちに学ぶ」という方法が、当然そうした医療の場面でもすでに適用されているのだと思っていました。しかし、S教授は、なかなか、その手法が医療の世界には根付いていないのだ、と言われました。

例えば、お産があって、めでたく一人の新しい生命がこの世に送り出されました。今は九八パーセントまでが院内出産です。当然、看護婦（当時でしたから「看護師」ではありませんでした）さんが色々な処置をしてくれます。体重を量るというので、生まれたばかりの赤ちゃんは看護婦さんの手で体重計に運ばれようとしました。そのとき、何の拍子か赤ちゃんが手から滑り落ちました。これは立派なインシデント（あるいはアクシデント）ですね。

当時の医療の世界では（いや今でも事態はほとんど変わっていないと思います）、このインシデントの後始末は、もちろん赤ちゃんの無事を確かめる（もし必要な検査や措置があれば、直ぐにそれにとりかかる）ことが肝要ですが、当事者への後始末としては、その場でか、後にか、厳しい叱責か注意があって、これから気を付けるように、という訓戒が付随することで終わるでしょう。

何事もなければ確実に、何事かがあったとしてさえ、このインシデントは、当の看護婦さんと、そこに関与している上司との間だけで済ませられ、「表ざた」になることは全くあり得ないことだと推測できます。S教授の「安全カンファレンス」は、どんな異常事象も、言わば「裏ざた」のままでは済まさない、ということを保証する制度として、まずは発足したのだ、と言えましょう。

しかし、何故こうした報告制度が必要なのでしょうか。言うまでもなく、起こった不都合な出来事を共有するためです。では何故共有しなければならないか。起こったことが、今後の改善を目指すために重要だからです。この考え方は、他の分野、前章で述べた航空機業界、あるいは運輸業界、また製造業などではごく当たり前に実行されてきたことでした。しかし、医療の世界では、それは一向に当たり前ではなかったのです。

患者取り違え事件

それを物語る一つの実例をご紹介しましょう。私が『安全学』という書物を世に問うたのが、一九九八年の年末でした。最近の書店の店頭では、本の回転がまことに速く、もちろん売れ行きがよければ、どんどん補充してくれるのでしょうが、ベストセラーにはなりっこないような私の書物が、それでもまだ店頭に並んでいる一月初旬のある日、新聞はとてつもない事件を報道したのでした。それはY市立大学の附属病院で起こった手術患者の取り違え事件でありました。

あまりにもショッキングな事件でしたので、報道も詳しく、また後追いの報道も充実していましたから、ここではおさらいのつもりで整理をしておきましょう。

その日、七四歳の男性患者は心臓の手術を受ける予定でした。同じ時間もう一つの手術室では、八四歳のやはり男性の患者が肺の手術を受けることになっていました。「オペ出し」と言われる看護婦が、二人分のカルテとともに、手術室まで患者を搬送しました。普通この仕事は複数で担当するはずですが、このときは二人の患者を一人の看護婦が二台のストレッチャーに乗せて手術室まで運び込んだようです。人手が足りなかったのでしょうか。この際カルテと患者とが入れ違ってしまったのです。

それぞれの手術室付きの看護婦は、カルテ（実は違っていた）を読んで、患者に名前を呼んで話しかけた（後に述べますが、この手続きはきわめて重要なものです）のですが、どうもおざなりであったようで（この場合は判りませんが、病院によって、あるいは場合によっては、手術室に搬送される前にすでにある程度麻酔薬を投与されていることもあり、本人の明確な返事を期待できない、という事情があったのかもしれません）、いずれにしても、看護婦の呼びかけによる本人確認も、誤りを訂正する関門にはならなかったのです。

心臓の手術のための手術室の執刀医は、以前に当の患者を診察しており、手術台の上の患者が、特に髪の形が、見知っている当該患者のそれと違うように感じたそうです。しかし、ここでも、その違和感は、別の患者が自分の手術台に横たわっている、というあり得ない事態の可能性を疑わせるものとはなりませんでした。手術前に散髪をしたのだろう（それはよくあることです）と自分に言い聞かせた、というのが、その執刀医の証言だそうです。

肺の手術室でも、過去の手術創がある、あるいは心臓病の患者への処置の一つである特殊なテープが背中に貼られていた、など、少し気を付ければ、疑念を抱かせる材料はいくつかあったのですが、ここでも間違いに気付く者がないままに、両手術室で手術が始まってしまったのでした。結局、執刀医、麻酔医、看護師など二つの手術室で三〇人以上の医療職能者が関わりながら、手術は誤ったままで進行してしまったことになります。

このとき、新聞にある医療機関の方の談話として、自分のところでは患者の取り違えを防ぐために、足首にネームタグを付けている、という意味の発言が載りました。すると、早速投書があって、大いに考えさせられました。一つは患者サイドからの投書で、荷物ではあるまいし、荷札のようなタグを付けるとは何事か、という趣旨のもので、もう一つは医療サイドから、問題の本質は、執刀医が予め十分に執刀対象の患者とのコミュニケーションをとっておかなければならないのに、それを実行していなかったことであって、姑息《こそく》な技術的な工夫は、問題の解決にならない、という趣旨のものでした。

私は、この二つの考え方は、正論としての面を含んでいないとは申しませんが、誤りと断じなければならないと思っているのです。第一に、ネームタグを付けるという方法は、少数の医療機関ではすでに習慣化されていましたし（今日では一般に普及しています）、現にＹ市立大学附属病院でも、問題の事件より前に、この方策の採用が検討されたことがあったと聞いています。ところが、まさに、投書での患者サイドの反発のように、「荷物扱いするのか」という批判を恐れて、結局実行に踏み切らなかった、という話が聞こえてきました。

でも、私は事故が起こるよりは、タグを付けて事故を防ぐ可能性が増える（ことは確実です）のであれば、当然それは実行しているべきだったと思いますし、その後色々な医療機関で話をする機会があったときも、いたずらに批判を恐れるよりは、懇切に説明した上で、タグを付けることも含めて、安全のためにできることは何でもやってください、と提言しています。

もう一つ、たしかに術前に執刀医が患者と十分なコミュニケーションをとっておくことは必要であり理想でありますが、しかし現実にはそれが十分にはできない現場の状況がある、ということです。この事例でも、少なくとも心臓の手術に臨んだ執刀医は、事前に患者と言葉を交わしています。それが十分でなかった、あるいはそうかもしれない。

でも、たとえ十分であったとしてさえ、手術台の上に白布を被せられて横たえられた患者と、ベッドサイドでの会話の相手としての患者とが、十分にはイメージの上で重ならないということもまたあり得ることではないでしょうか。実際、「散髪をしたので、印象が変わったのかな」という執刀医の判断はそのことを物語っています。そのとき、ネームタグがあれば、事故を防ぐ一つの関門になり得たはずです。

医療現場に多い「取り違え」事件

この事件以降、私もいくつかのデータを集めてみました。そこで判ったことですが、医療機関のなかで起こっている異常事象のうちで、最も頻度が高いのは、人の取り違えなのだそうです。もちろんY市立大学附属病院で起こったような「取り違え」がそう頻繁に起こっているわけではありません。しかし、人の取り違えは実に多くの機会に起こり得るのです。実際に起こった例をいくつか挙げてみましょう。

大きな病院では、医師の出した処方箋は薬剤部に届き、そこで調剤されて、患者の手元に渡る、というのがこれまでの仕組みです。この仕組みも、医薬分業の徹底という面から見れば問題があるので、現在ではいわゆる「院外処方箋」に変わりつつあるようでありますが、それはここでは問題にしないでおきます。

薬剤部の窓口の前には大勢の人々が、自分の名前を呼ばれるのを待っています。「村上さん」と呼ばれて、やれやれ待ちくたびれた、とばかり私は薬の袋を受け取って、帰宅します。何気なく袋の表面を見ると、確かに姓は同じ「村上」ですが、名の方は自分とは似ても似つかぬものであることに気付きます。いや気付けばまだよいのですが、初めて貰う薬であればなおのこと、いつも貰っている薬であったとしても、いつもと多少包装に違いがあっても、薬が変わったのかな、と思って、そのまま服用してしまうのも自然な流れでしょう。どこかで少なくとももう一人、本来私の服《の》むべき薬を、間違って服んでいる人がいるはずです。

このような「取り違え」は、姓名を最後まできちんと呼ぶことで、ある程度は防げます。またここ数年、薬剤師法が改定されて、薬剤師に服薬指導の権利（同時にそれは義務になりますが）が認められました。最近薬を渡されるときに、処方されている一つ一つの薬について、写真入で簡単な説明が記してあるスリップ（伝票）を貰うことが多くなりましたが、これはそのことの一部です。

ですから、患者は処方薬を手にするときに、必ず薬剤師から、どういう種類の薬で、もしかするとしかじかの副作用があるかもしれないから、服薬後しかじかの症状が表れたら、直ちに申し出てください、などという注意を受ける習慣が生まれつつあります。この習慣が定着すれば、上のような種類の「取り違え」は少なくなるはずです。

いずれにしても、先ほど、手術前に、患者の名前を看護師が呼ぶ、と申しましたが、この名前を呼ぶという手続きがどれほど大事か、これでお判りでしょう。もっともY市立大学附属病院では、この「点呼」とでも言うべき手続きが行われていたのに、誤りが素通りしてしまったわけですね。ついでに申し上げますが、病院で薬剤部であろうが、受付であろうが、あるいは医師や看護師であろうが、誰かに「誰々さん」と呼ばれたら、必ず復唱して、「誰某《だれそれ》です」と姓と名とを名乗りましょう。

　こういう例もありました。ある医療機関で、患者の「取り違え」が多いので、看護師が十分気を付けるように、とわざわざ同姓の患者を同じ病室に入れたのだそうです。ところが、この「親心」が裏目に出て、同姓のAさんの点滴とBさんの点滴とが入れ違ってしまったというのです。忙しいとき、何かをしているときに、別のことで呼ばれたりすると、こうしたミスが最も起こりやすいのですが。

　院内では、点滴の袋、あるいは輸血のための血液の袋などが、入れ違うことは決して稀ではありません。輸血の「取り違え」は、血液型によっては不適合で死を招くでしょう。袋に書いてある名前が違うことに患者本人やその家族が気付く、ということも結構あることです。また四人部屋、あるいは六人部屋などで、何かの都合でベッドが入れ替わることもあります。つまり昨日までAさんが寝ていたベッドに、今日はBさんが寝ている、ということもあります。引継ぎがうまくいかず、そのことに気付かなかった今日の日直の看護師が、Aさんにすべき処置をBさんにしてしまう、ということも起こります。

　次の事例は、少し趣の異なるものです。Aさんのある部位に腫瘍《しゅよう》ができました。検査のために組織をとりました。「生検」と言いますが、癌であるかないかの検査ではよく行われます。検体は、病理部に送られるか、最近では多くは外注で、専門の病理検査をする機関に送られます。ところが、この過程のどこかで、名前が入れ替わったとします（実際にあったことです）。検体は検査の結果「悪性」と判りました。

結果は受け持ちの医師に伝えられ、Aさんは告知を受けた上で、腫瘍の摘出手術を受けることになりました。実際に摘出した後で行った腫瘍の検査の結果では、癌は陰性でした。そこで初めて、検体が入れ違っていた可能性が指摘されることになり、他の分析結果から、確かに問題の検体はAさんのものではないことが判ったのです。結局Aさんは受けなかった方がよいかもしれない手術を受けたわけですし、しかも術後には、色々な障害が残りました。

この「取り違え」の恐ろしいところは、被害者はAさんだけではない、ということです。早期に手術をしていれば生命は助かったかもしれない別の患者（つまり悪性の腫瘍の持ち主）は、「陰性」の結果を受け取って、そのときは大喜びだったかもしれませんが、もしかしたらそのことで、生命の助かる機会を逸したかもしれないからです。

こうして見ると、医療の現場では、人の「取り違え」はあらゆる場面で起こり得るし、また起こっている、ということを私たちは認識しなければならないのです。さきほど、医療機関内ではくどいほど自分の名前を言いましょう、という提言をしたのも、こうした事実があるからです。もっとも、最後のような事例では、この提言は役に立ちませんが。

ＩＣタグを利用した患者の病歴・薬歴情報の管理

　このような錯誤を防ぐには、きわめて効果的な方法があります。最近、大容量の情報が、〇・三ミリ四方程度の小さなチップに納められるようになってきました。ＩＣタグと呼ばれる微小な集積回路のことで、これを身体のしかるべき場所に埋め込んで、医療機関で何らかの処置（手術はもとより、診断、投薬や注射、検査などなど）を受けるときは、必ずスキャンすること、またそれらの処置の結果をそこへ書き込むこと、これを励行《れいこう》すれば、ほとんど「取り違え」ミスはなくなるはずです。

　これは医療に関する「国民総背番号制度」になることは確かですが、私は、是非この制度は実行すべきだと考えています。少なくとも「取り違え」の危険は取り除くことができるでしょう。そのほかにも、例えば薬に関するトレーサビリティー（流通履歴）も副次効果として実現できると思います。

　現在医薬品は製薬会社――卸商――医療機関（薬局も含め）――エンドユーザー（患者）という流れに乗っています。この流れそのものは、他の製品と本質的に変わるところはありません。ただ多くの一般の製品が現在では「トレース」可能である、つまりエンドユーザーの手に渡ったある製品が何時どこの工場で（場合によってはどのラインで）造られたか、ということまで遡って特定する、それができるようになっています。

ところが、医薬品に関しては原則としてそれができません。市販薬の方がまだこの点ではよいかもしれません。医療機関では、別の容器に入れ替えてしまうこともあり、そういうなかで、一つの錠剤、一つのカプセルが、どのような流れで上流から下流まで流れたのか、これを突き止めることは原則的に不可能です。

しかし、例えば、劇薬の保管がルースで、誰でもが、薬剤部の棚にあるびんから取り出すことができる、というような事態が、犯罪を引き起こす温床になっていることを考えれば（もっとも、それだけが「トレーサビリティー」が確保されることのメリットではありませんが）、錠剤にもカプセルにもバーコードを付けて、移動のときは必ずスキャニングする習慣ができれば、医薬品をめぐるさまざまな問題のかなりな部分が、改善されるはずなのです。ここでの「移動」には、当然患者への投薬も含まれていますから、先ほどのＩＣタグに書き込む患者の個人情報のなかに、医薬品の特定の錠剤やカプセルの記録も残されることになるでしょう。

ちなみに、チップの埋め込みは問題だ、ＩＣカードでは駄目か、という議論があるかもしれませんね。でも試験的に行われた実験などで判ったのですが、カードはあまり意味がないのです。と言うのも銀行のキャッシュカードや、クレジットカードでさえ、盗難、紛失やしまい忘れが多量に発生しています。とくに高齢者の場合、カード必携という義務は過大としか言えません。やはり皮下埋め込み式が最も効果的ではないでしょうか。もっとも住民登録の統一番号制でさえ、あれだけの抵抗があるのですから抵抗は大きいでしょう。でも私はやるべきだと思っていることを再度表明しておきます。

「人間は間違える」という前提

医療における安全の問題は、もとより「取り違え」だけにあるのではありません。もともと医療というのは不思議な現場です。外科でなくとも、普通は摂取するのを躊躇《ためら》うような薬や検査用の物質を飲まされますし、外科ともなれば「観血的侵襲」という凄まじい言葉（いや、なに、結局は手術のことですが）が存在することからも判るように、普通だったら傷害罪はもちろん、時には殺人罪さえ適用しかねないような「侵襲」を、他人の身体に加えるでしょう。

それでも許されているのは、そうした行為が、患者のより大きな危険を除き、生命を永らえさせるのに効果がある、と信じられているがゆえです。医療の理想は「インタクト・サバイバル」だという言い方もあります。辞書を引きますと「インタクト」つまり intact という英語の形容詞は、「損なわれない」、あるいは「もとのままの」という意味ですが、通常は補語としてのみ使われ、名詞の前には置かれない、とわざわざ解説してある辞書もありますので、intact survival という英語表現が、正規のものか、私には明確には判りませんが、医療界で使われていることは確かです。意味はすでにお判りの通り、「治療の結果、もとのままの（健康な）状態に戻る」ということになりましょう。

それが理想であるとすれば、逆に治療（特に外科的な治療の場合）はしばしば「インタクト」でない状況を残す、ということが示唆されていることにもなります。それでも「サバイバル」、つまり「生命をとりとめた」というだけで、患者は満足しなければならないのでもあります。

いずれにしても、医療は、もとより患者の生命を救う行為でありながら、同時に治療の名のもとに、かなりな危険を患者に負わせる行為でもあるのです。危険はどこにでも潜んでいる。そういう現場であるわけですね。それにしては、危機管理、あるいは危険対策は、これまで一向に組織的でもなく、体系的でもなかった、特に他の業種に比較してそうであった、と言わざるを得ないのです。

アメリカで、クリントン大統領時代に、「医療の質」委員会が設けられ、その報告書が二冊出版されました。そのなかで、安全の問題を集約的に扱った一冊（『人は誰でも間違える』）のなかに、面白い一文があります。ああ、この本の標題そのものが、面白いですね。英語のタイトルは *To Err is Human* となっています。err はちょっと見慣れないような感じがしますが、動詞で「過ちを犯す」という意味です。「エラー」（error）という名詞は、この動詞から派生しています。もともと、このフレーズは、一八世紀のイギリスの詩人A・ポープという人が残した言葉、To err is human, to forgive divine. の前半だけを抜き出したものです。この文章全体の意味は、「過ちを犯すのは人間だが、それを許すのは神である」ということになりましょう。しかし、前半部分だけを取り出して直訳すれば「過ちを犯すことは人間（的）だ」ということになり、先ほど述べた書物の邦題『人は誰でも間違える』の意味にもなりましょう。

さて、話を戻して、問題の一文とは、次のようなものです。「医療の分野は、基本的な安全対策を重視するハイリスク産業にくらべて一〇年以上遅れている」（同書六ページ）。そうなのです。航空機業界、あるいは製造業界などで採用されている安全対策を参考にしながら、医療の世界にも、組織的で体系的な安全対策を組み立てていかなければならないのです。すでにお話ししたインシデント・リポートの制度は、ほんのその一部に過ぎません。

「フール・プルーフ」と「フェイル・セーフ」

では、何がその実現を阻んでいるのでしょうか。一つはやはり医療人の意識の問題だと思います。

安全工学の面から、一般的に採用されてきた重要な概念に「フール・プルーフ」あるいは「フェイル・セーフ」という概念があることは前章でも紹介しました。前者の「フール」とは

「愚行」といったような意味で、「プルーフ」は、防水腕時計を「ウォーター・プルーフ」と言うように、「備えができている」というような意味合いだと思います。

つまり「愚行、ミス、エラーに対して備えができている」ということです。後者の「フェイル」は「失敗」、「セーフ」はもちろん「安全」ですから、「失敗があっても安全が保てる」という意味でしょう。原子力のところで触れることになる「多重的な安全防護システム」は、こうした概念の上に立てられた典型的な方策と言えます。

ところが、ある医療機関で、こうした話をしたとき、責任ある地位にある医師が、私たちは高度職能者であって、「愚行」などとは縁がないのだ、という意味の発言をされました。しかし、この医師の考え方は完全に間違っています。まず「フール・プルーフ」の解釈が間違っています。その口ぶりから察すると、「プルーフ」の対象となるような「愚行」は、十分に訓練を受けたことのない初心者が犯すものを言うのだと解釈されているようですね。

だからこそ、先ほどの本のタイトルが生きてくるのです。『人は誰でも間違える』。「誰でも」のなかにはもちろん未熟な初心者も含まれるでしょうが、しかし、同時に、経験と訓練を最高度に積んだヴェテランもまた含まれています。飛行機のパイロットは、過酷な訓練の積み重ねと、副操縦士としての長い経験を経て、初めて一人前となる職業です。それでも、彼らは時にミスをすることがあります。そして航空機事故の歴史は、そうしたミスによって惹き起こされた事故を教訓にして、そうしたミスに対しても「プルーフ」が発揮できるように、パネルの設計を改善し、ギアの引きしろや動作線を改良し、つまりは「フール・プルーフ」を実現するために、多くの改善策を実現してきました。

「自分たちは愚行など犯さない」という自負は、逆に「愚行は未熟や注意力の不足から来る」という判断を導き、従って愚行に対しては、未熟を咎め、不注意を叱責するだけで済ましてきたのです。確かに未熟は糺《ただ》すべきだし、不注意は叱責に値します。ないにしたことはない。しかし、ことがそれだけで終わるとすれば、それはとてつもない誤りを犯していることになるのです。何故なら「人は誰でも間違える」からです。

医療の品質管理

そもそも、私が医療の世界の安全について発言し始めたころ、ほぼ一〇年前ですが、私は製造業などで当然のこととして行われている「品質管理」という概念を医療は取り入れるべきだ、と力説しました。しかし、医療人の反応は大変冷たかった。いや冷たかったどころではありません。むしろ怒りを惹き起こしました。医療の世界に「品質」とは何事だ、品物など扱っていないぞ。

でも、皆さんはアメリカの大統領の諮問に応えて報告書を提出した委員会の名称が「医療の質」となっていたことに注目してください。まさに「質」（quality）が問われているのです。日本にも最近「医療の質に関する研究会」というＮＰＯが発足しました。「質」が問われるならば、「質」を如何にして維持し、向上させるか、という問題は決定的に重要です。それが「品質管理」なのですから。どうしてそれが医療に馴染まないのでしょうか。

　日本の医療機関にも、しかし、こうした発想を受けてようやく、安全対策室というような名称の組織を設けるところが増えてきました。それ自体は大変喜ばしいことです。しかし、残念ながら、まだまだ手探り状態が続いています。責任者に、「品質管理」の専門家がいないことも問題の一つです。多くの医療機関では、責任者の押し付け合いが起こり、言わば貧乏くじを引いた人が、仕方なく引き受けるといった事態がしばしば見られるそうです。

　いずれにしても、医療に「フール・プルーフ」や「品質管理」は馴染まない、と考えている人々に、例の『人は誰でも間違える』のなかにも現れている次のような考え方を、熟考して欲しいと思うのです。

「予測できなかった事故には、当然対応策は立てられない（無論、一般論としては、人知の限りを尽くして予測はするのですが、それでも事故は『思いもかけぬ』形で起こるのです）が、予測できた事故に対策が講じられていない場合には、それは管理者の全面的責任である」。だからこそ、事故情報の収集は必要であり、集められた情報に基づいて、同種の事故が起きた場合を予測して、「フール・プルーフ」も含めて、あらゆる対策、起きないための予防策と、起きてしまったときの傷害・被害の極小化の対策を立てる責任が管理者にはあることになります。

その事故情報の共有ということなのですが、日本医療機能評価機構という「第三者機関」が誕生し、医療機関で起こった事故、異常事象の収集、管理に向けた活動を開始しました。インシデント・リポート制度と組み合わせれば、改善の兆しは見えてきた、とも言えます。ただ、過渡期とは言え、奇妙なねじれ現象も目に付きます。

例えば一方に、インシデント・リポート制度や、それに伴う公表などを誠実に履行している機関があります。他方には、そうしたことに関心を示さず、事故情報も隠蔽《いんぺい》したままという機関もあります。メディアは当然手に入る情報をもとに報道しますから、前者のような機関は事故が多く、後者のような機関では事故は起こっていない、ということになりかねません。ここでも引用することになりますが、『人は誰でも間違える』という報告書のなかでも提言されています。事故情報に関しては「全国的な強制報告システム」を整備すべきだと思います。

隠蔽という問題は、医療の世界では深刻です。別段、医療の世界でなくとも、自分の組織で起こった不都合や不具合を、組織内であっても、公にはしたくないものです。ましてや組織外にまで「表ざた」にしたくない、という意識は、自然なものだと思います。しかし、医療の世界では、専門性という隠れ蓑が強力であるがゆえに、また、医療が、すでに触れましたように、そもそも「危険」と隣り合わせ、あるいは危険を承知の上での行為であるがゆえに、問題が起こっても、それが問題であるのかどうかさえ、判らないままに、ミスや誤りが明確化されない傾向が強いのです。

たとえ患者が、本人も家族も予期していなかった死を迎えたり、あるいは治療の結果が思わしくなかったりしたとしても、それが医療側の何らかのミスに起因するのか、それとも、たまたまその事例が「不幸な転帰」を辿っただけなのか、それさえも判然としないままに、ことが経過していくことが多いわけです。

そうであれば、医療者の側で、ミスが自覚されている場合でも、ことを「不幸な転帰」に組み入れてしまいがちになることもまた「自然」かもしれません。しかし、それを「自然」で済ませていたのでは、医療の質は一向に改善されないばかりか、下落するばかりなのです。

「前車の轍《てつ》を踏む」という言葉があります。他人が犯した失敗を自分も繰り返すことです。しかし、前車の轍がなければ、それが前車の轍であるかどうかさえ判らないではありませんか。前車がどのような失敗を犯したのか、そのことが、後に続くものの最大の教訓になるのです。そのためにも、失敗やミスは、できるだけ厳しい基準を設けて洗い出し、「表ざた」にして、相互の財産としていかなければならない。これは、「品質管理」の立場から見れば、およそイロハに属する認識です。

しかし、医療の世界では、これがなかなか常識にはならない。もう一つ、ある意味では残念なことなのですが、ここでは意識の問題に加えて、経済の問題を持ち出すことが効果的です。つまりミスや失敗を繰り返すことは結局は「高くつく」というポイントです。実際、他の業種では、深刻なミスは、その企業を廃業に追い込むことさえ稀ではありません。医療機関だけが、そうでないはずはない。だとすれば、隠蔽して済ますことの最終結果が、廃業にも繋がるという認識が広がることが、非常に大切になってくるのではないでしょうか。

隠蔽に関しては、「内部告発」という問題が絡みます。確かに効果のある手段ですが、この問題は、別に項を設けて集中的に考えて見たいと思っています。

医療の安全と薬害事件

また医療の安全という問題で忘れることができないのは、医薬品を巡る話題です。とくに薬害の問題は見過ごしにできません。戦後という時期だけを取り上げても、私たちは、多くの薬害事件を目撃してきました。単に目撃しただけでなく、被害に遭い、亡くなられた方、あるいは今も後遺症に苦しむ方も多くあります。

薬害と言っても、すでに述べましたように、医薬品の大部分は、何らかの意味で「毒性」を持ったものですから、医薬品の投与によって傷害が起こり得る危険は常にあるわけですし、また医療が本質的に、統計的な証拠（エビデンス）を基にしているのに対して、実際に医療を受けるのは一人一人の個人ですから、多くの場合に「安全」であったにもかかわらず、ある個人にとって「安全」が保障されなかった事例も、いくらでも生じ得ることになりますね。実際に抗生物質の投与によるショック（アレルギー反応）や、ワクチンの接種による傷害の発生、なども、「薬害」と言えないわけではないでしょう。そうした個人の特異性による「薬害」も防がなければならない問題ですし、また防ぐ手段も少しずつですが前進していると言えるでしょうが（テーラーメード医療という言葉で期待されている医療の将来像は、こうした個人の特異性に対応できるということを目標に描いています）、ここでは、社会的な問題としての性格を帯びた「薬害」事件に触れておきたいと思います。

「薬害事件」の背景

戦後世間の耳目《じもく》を集めた薬害事件としては、サリドマイド、スモン、クロロキン、ソリブジン、それに血液製剤によるＨＩＶ（ヒト免疫不全ウィルス）感染症などがあります。最近では、一部の肺癌（肺癌は、小細胞癌と、腺癌、扁平上皮癌、大細胞癌などをまとめた非小細胞癌とに分けられるのが普通で、日本では前者が約一五パーセント、後者が八五パーセントと言われています。問題の医薬品は、手術不能の、あるいは再発した後者が適応とされています）に著効があると言われるゲフィチニブ（商品名イレッサ）が間質性肺炎などの肺症状を惹き起こす例が見られることが報じられて、新聞を賑《にぎ》わしました。これを「薬害」事件に数えることが妥当かどうかは、問題がありますが、これらの諸例を簡単に振り返ってみましょう。

サリドマイドは一九五〇年代後半、世界的に問題になった事件で、サリドマイドという睡眠薬を妊娠初期に服用した妊婦から生まれた子供に、先天性の奇形が発生したものです。レンツという西ドイツ（当時）の医師が、一九六一年サリドマイドとの関連を突き止めたことから、各国は使用禁止の処置をとったのに、日本の厚生省（当時）の対応が遅れた、ということが、訴訟でも問題になりました。患者は西ドイツが最も多く五千人を超え、日本は千数百人と言われ、これに次ぐ数でした。医薬品の審査には、この事件を教訓に、催奇形性の検査が加わるようになりました。

スモンは、日本でのみ起こった薬害事件です。一九世紀末に消毒薬として開発され、戦前からアメーバ赤痢に著効のあることで定評のあったキノホルムという薬が絡んでいます。戦前東南アジアに進出した日本軍の間でも必携とされていましたが、副作用も認められるので、当時は投薬量、投薬期間、休止期間などが厳しく制限されていました。

ところが製薬会社は、戦後適応を大幅に広げて、整腸薬として宣伝し、医師の投薬量も増え、さらには一般市販薬のなかにも配合されるようになりました。やはり一九五〇年代半ばから、足のしびれ、運動障害、視力障害など、奇妙な症状が報告されるようになり、「亜急性・脊髄・視神経・末梢神経障害」(subacute myelo-optico-neuropathy) の頭文字からＳＭＯＮ（スモン）と名づけられ、結局、一九七〇年新潟大学の椿《つばき》忠雄《ただお》教授によってキノホルムとの関連が明らかになって、一大訴訟事件にもなりました。この場合、初期症状のなかに下痢などが含まれていたために、患者はさらに大量のキノホルムを投与される、あるいは服み続ける、というようなことが起こり、被害が拡大した、という事情もありました。患者数は一万人を超えています。

この二つの事件には二重の問題が起こっています。実はサリドマイドは、今日ハンセン氏病に効果がある（アメリカでは、すでに治療薬として認可されている）ことが判っていますし、癌やＨＩＶ感染症にも効果があるのでは、と言われています。しかし、過去の薬害の記憶は、この物質の医薬品としての「返り咲き」（特に日本では）をほとんど不可能にしていると考えられます。

この点はキノホルムについても同様で、今でもアメーバ赤痢の猖獗地《しょうけつち》へ行く医療関係者は、海外から取り寄せたこの製剤を持参する人もあります。しかし日本では（この薬害事件が日本に限られていたことを思い出してください）、やはりこの大切な医薬品はタブーになってしまっています。この点は二重の不幸と言うべきでしょう。

クロロキン事件もスモンに似ています。本来マラリアの治療薬として限局された使い方をされていたこの薬の適応範囲を、製薬会社が、販路を広げるために、慢性の炎症（例えば膠原《こうげん》病《びょう》による）や腎炎などに拡大したのです。一九六〇年代のことです。その結果、視力障害に苦しむ人々二百数十人を生み出しました。

ソリブジン（薬品名）はヘルペスの治療薬として開発されたものです。この薬はある種の抗癌剤と併用されると、死亡も含む重篤な傷害が発生することは、実は動物実験の段階ですでにある程度予測されていました。しかし、そのことが徹底されずに市販されたために、発売後一カ月の間に一五人の死者を出しました。

このときは、度重なる薬害事件で、ある程度の対策を重ねて来た厚生省（当時）によって、比較的迅速に処理されましたが、死者の出ていることが報道される直前に、製薬会社の関係者が自社株を売り抜けるというような、経済界での不祥事も重なって問題が大きくなりました。

私の知る限り、死者のうちの三分の一ほどは、同じ医療機関のなかで、抗癌剤とソリブジンを並行投与されていたことが判っています。ソリブジンの添付文書には不徹底ながら、併用の危険についても書かれていたのですから、注意深い薬剤師がいたか、あるいは自動チェック装置が用意されていれば、防げたかもしれない死亡例であったことになります。

現在電子カルテ、あるいは電子処方箋へと切り替える医療機関が少しずつ増えてきましたが、こうしたシステムなら、自動チェック機構を働かせることができます。医薬品情報を中央処理部で一括管理し、さらに患者情報も同じく一括管理ができるようになっていれば、同じ医療機関のなかでなら、一人の患者がどこの科でどのような薬を投与されているか、一目瞭然となり、配合禁忌も防げますし、重複投薬なども防ぐことができます。ゆくゆくは、私がなすべきだと考えている個人医療チップ（ICタグ）の埋め込みが実現した暁には、原理的には世界のどこの医療機関にかかったとしても、こうした形で現れる危険を除いておくことができるわけです。

HIV事件に関しては、血友病の治療のために使われてきた非加熱血液製剤に含まれていたHIVが、血友病患者の間にHIV感染症患者を造り出してしまった事件で（これは日本だけの問題ではありませんが）、血友病関連の医療者たちが、この事態にどこまで責任があるのか、という問題を巡って、訴訟が起こされていることは、現在の問題ですので、ご存知でしょう。

ここには、血友病患者や家族にとっては大きな福音でもあった、血液製剤の自己使用が可能となったということが絡み、血液製剤使用への、患者や家族の強い後押しがあったことが、事態を複雑にしたことは指摘できるでしょう。実際、被害者の家族のなかには、自分の手でHIVに罹《かか》らせてしまった、という強い自責の念を感じておられる方々もおられるようです。

最後のゲフィチニブに関する問題は、社会的「事件」と呼ぶべきかどうかも、定かではありませんが、問題の構造は前例に似ているところがあります。と言うのは、日本でゲフィチニブが、いち早く認可されたとき、それは先にも触れましたように、適応はかなり明確に規定されていました。またこの場合は、製薬会社も、その適応を無謀に拡大する意図もなく、また、そうした行為もなかったはずですから。ただ現在訴訟も起こっていますので、速断は避けたいと思いますが、この点はスモンやクロロキンの場合とは異なるようです。藁《わら》にも縋《すが》りたい患者や家族にとって、この「新薬」の認可は光明のように思われたことも理解できますし、そうした患者側の「熱意」が圧力となって、適応外とされる患者にも、厳密な管理や配慮なく使われる結果になってしまったために、かなりな数の副作用患者を出した可能性もあるのかもしれません。

製薬会社も、厚生労働省も、この副作用について研究班を組織して、今後の対応策を講じつつありますが、いずれにしても、キノホルムやサリドマイドの例にもある通り、注意深く、大事をとりながら使えば、生命や健康を救う大切な手段の一つとなり得るものを、みすみす不注意や慎重さを欠く使用によって、お蔵入りをさせてしまったり、患者が無用に怖がって使うべきときに使えない、というような事態が起こることを避けるのも、医療の安全を巡る大切な点の一つではないかと思います。

なお海外で開発されたり、許可されたりした医薬品を、速やかに日本でも使用できるように、という主張は、患者関係者の間に強いのですが、この点でも慎重さが必要です。民族差や人種差が結構大きいからです。

医療スタッフの安全の問題

もう一つ大切なことをお話ししておきましょう。これまでの話題は、終始、患者の側の安全という点にだけ光を当ててきました。そして、その側面が医療における安全の問題の主要な柱であることは、疑問の余地がありませんが、しかし、医療者の心身の安全の問題も重要であるという認識はどうしても必要です。そのことが、結局は患者の安全にも関わってくるということにもなります。

看護師の「燃え尽き現象」が一時メディアなどで話題にされたことがあります。メディアの通弊で、大切な問題を持続的に話題にすることが少ないので、最近はあまり目につきませんが、問題が解消しているわけではありません。この現象は医師も例外ではありません。

日本の医療を考える上で、大切なことがあります。日本の医療者は、先進国の医療者に比べて、大変酷使されているという事実です。世界の水準から見て、日本の医療は、かなりな高水準にあることは確かです。例えば、一国の医療の水準を示す客観的な指標と考えることのできる国民の平均寿命、乳幼児死亡率などを取り上げてみると、日本はかなり長い期間トップを走り続けてきました。

だからと言って社会が極端に多額の資金を医療に投じているわけでもない。対GDP比の国民総医療費は、確かにこのところ確実に増え続けていますが、それでも先進国のなかでは一〇位に入るか入らないか、くらいのところですから、医療のコスト・パフォーマンスは非常に高い、と言うことができます。諸外国からの評価も決して悪くない。ところが、患者の満足度という点から見ると、事情はがらっと変わります。国際的に見ても、低位にあるとさえ言えます。この落差はどこから来るのか。言い換えれば「患者本位」になっていない原因はどこにあるのか。

ベッド数がほぼ同じ（実は、ここですでに問題があるのですが、日本の病院は総じてベッド数が極端に多いのです）、外来患者数もほぼ同じ、というように、同規模の病院を先進国と比較してみると、医師の数は、諸外国の平均的な病院の三分の一程度、看護師の数は四分の一程度、他のコメディカル（医療従事者）の数は、秘書などサポーティング・スタッフまで数えれば実に一〇分の一程度でさえある、という状況が浮き彫りになります。

つまり日本の病院は、ベッド数が多い（ということは患者の滞院日数が多い）、先端的な装置や高価な検査器具なども多い、しかし、そうした装置に本来張り付くべき技師たちも含めて、医療機関全体を動かしていくべきスタッフの数が、決定的に不足しているのです。こうした状況のなかで、医療関係者は、「多忙」という言葉が無意味になるほど、忙しく働いています。

こうした跛行《はこう》的な状況の維持を可能にしている一つの要素は、大学病院の医局を通じて派遣されてくる非常勤の医師であり、言ってみれば彼らの「搾取」によって、辛うじて大きな病院は成り立っているということになります。

私は、安全の問題に関しては、日本の医療のあり方に、かなり批判的で、辛口の発言を繰り返してもきましたが、しかし、上の点を放置して、「患者本位」の医療の実現も、より安全な医療の実現も、ともに困難であることは、一般の私たちも理解しておかなければならないと思っています。

さて、そこで、そういう労働条件のなかで働く医師や看護師、その他のコメディカルの人々の、心身の安全を確保することは、大変大事な課題になってきます。パイロットという職種では、一年に二回心身の検診があって、問題があると乗務から外されることもありますが、医師は「紺屋《こうや》の白袴《しろばかま》」というか、職場の健康診断の受診にもあまり積極的でない人が多く、心のケアも放擲《ほうてき》されているようなところがあります。最近は、院内に医療人専門の医師（リエゾン・オフィサー）を置くところも僅かですがあるようになりましたが、多くの場合は顧みられていないのが現状です。

例えば患者のことを常に第一義に考えて行動する良心的な医師や看護師ほど、小さなミスにも心を痛め、自らの医療者としての適性に疑いの目を向け、厳しく自分を問い詰めることにもなります。そのまま放置すると、自殺に走ったり、医療の現場を離れたり、みすみす最も患者にとって望ましい医師を、失うことにさえなりかねないのです。そんなとき、院内にともに支え合う同僚、あるいは制度上の相手が存在することは、きわめて大切なことなのです。

こうした心理的な場面だけが、医療関係者の「危険」ではありません。もっと直接的な危険にも晒されています。誤って処置中に注射や点滴の針で自らを傷つけ、肝炎やＨＩＶに感染した医療関係者は決して少なくありません。職業上の危険は誰にでもあるとは言え、そうした危険からの防護にも、周到な対策を考えていかなければなりません。

また医師や看護師が、危険を運ぶこともあります。院内感染と呼ばれる医療過誤の大部分は、医師か看護師が介在しているとさえ言われます。こうした院内感染を惹き起こす病原菌の多く——その代表例がＭＲＳＡ（メチシリン耐性黄色ブドウ球菌）と呼ばれるものです——は、健康な保菌者（この場合は医師や看護師）にとっては、「病原体」とは言えない、つまり無害ではありますが、手術直後の患者や高齢者にとっては、いわゆる「日和見《ひよりみ》感染」を起こすことのあるものです。したがって、この場合には、医療者の健康や安全という問題からは少しずれますが、深刻な問題です。

ＭＲＳＡの場合、しばしば医療者の鼻粘膜などに発見されると言います。それが飛沫感染するというよりは、やはり何らかの処置の際に、手指を介して伝わることが多いようです。というのも、手指の消毒を徹底して励行した医療機関で、院内感染を激減させることに成功した、という例がいくつも報告されているからです。

最近は注射筒や針など、あるいはガーゼや包帯などもほぼ使い捨てになりました（これらが廃棄物になったときに、別の問題が起こるのですが）から、院内で「滅菌消毒」という行為があまり目に付かなくなりました。昔はナースステーションなどで、いつも器具類のための消毒器や、ガーゼや包帯などの煮沸消毒用の鍋が湯気を上げていたものです。医療者もしつこいほど手を洗うことを実行していました。病原体による感染ということが明確化する前から、ゼンメルヴァイス（一八一八—六五　産褥熱《さんじょくねつ》の原因と予防を発見したハンガリーの産科医）ではありませんが、傷口の「消毒」や、処置に際しての手指の清拭は医療者の基本的なマナーでした。もちろん今でもこれは変わっていませんし、また形式的には実行されています。

しかし、例えば入院患者の処置などを見ていますと、入室に際して、病室入り口に置かれた消毒薬で曲がりなりにも手を湿してくるのは、どちらかと言えば、シーツの交換、体位の交換などを受け持つ看護助手の人々で、医師も看護師も、あまり励行しているようには見えません。最近は手術後、あるいは大きな外傷があるときなどは、化膿を防ぐために、必ず抗生物質の点滴や投薬が行われるようになり、昔よりは化膿に気を遣わなくとも済むようになったことは確かです。でも、この安心感が、医療者の手指の消毒に関する熱意を希薄化させているとしたら、やはり大きな問題でありましょう。実はこのことは、間接的には医療者自身の安全にも響いてくることなのです。

医療の安全に関しては、まだまだお話ししたいことは山積していますが、ここではこれだけにしましょう。とにかく、日本の医療の世界は、恥も外聞も捨てて、安全のためになら、できることは何でもやる、「何でもあり」の精神で取り組んでいかなければならない、という点だけは、明らかであると思っています。

第三章　原子力と安全——過ちに学ぶ「安全文化」の確立

「科学者共同体」と専門知識

すでに見ましたように、原子力の世界は、安全が確保されていてさえ、なお、人々の安心を得ることが、なかなか難しい現場の一つです。どんな特色があるのか、それを少し眺めることから始めてみましょう。

言うまでもなく、原子力エネルギーが最初に実用に供されたのは、武器としてでした。原子力は、その点でも歴史上一つの大きな意味をもっています。それを説明してみましょう。もともと科学という知的営みは、あるトピックスに学問的関心を持ち、その領域に好奇心を抱き、色々な問題を解決してみたいという欲求に駆られた人々の間で行われるものでした。それはある程度今でもそうです。そういう人々の集まりを「科学者共同体」と呼ぶのですが、科学は一つ一つの科学者共同体の内部で、ほとんど自己完結的に営まれる知的活動だった、と定義できます。

例えばある研究者が、研究を通じて新しい知識を生み出したとしましょう。そうして生産された新しい知識は、論文という形で発表されますが、その発表の媒体は、その研究者の属する科学者共同体が経営する学術雑誌、通常は学会誌です。そこに知識は蓄積されます。そうするとそれを読むのも、その共同体の構成員、つまりその研究者の同僚たちということになります。

つまり知識の流通も共同体の内部で行われます。また、そうして蓄積され流通している知識を新たに利用しようとする人々がいるはずですが、それも、共同体の内部の同僚たちに限られます。

流通が内部に限られている以上は、流通するものを消費したり利用したりできるのも、共同体の内部だけということになるでしょう。実際「利用」されるときは、その知識は、さらに同じような方向に研究を進めようとしている仲間（場合によってはライバルかもしれませんが）が、研究の進展のために「利用」するわけです。

さらに、そうした利用に当たって、非常に利用価値が高い場合には、その知識を生産してくれた研究者の評価は高くなりますし、一向に利用価値の出ない知識の生産者には、低い評価しか与えられないでしょう。そうすると評価もまた、共同体の仲間の間で定まるわけです。よく「ピアレヴュー」という言葉を聞きますが、「同僚評価」と訳されるこの言葉は、そうした事態を指して使われるものです。

整理をしておきます。科学の本来の姿では、それは、知識の生産、蓄積、流通、利用、評価などが、完全に、科学者共同体の内部に限局された形で行われるような自己完結的な知的活動である、ということになりましょう。一九世紀から二〇世紀前半にかけての科学は明らかにそうした性格のものだったと言えます。そんなことはない、科学研究の成果である知識は、産業や軍事に「利用」されたではないか。そこなのです、問題は。

今は確かにその通りです。だからこそ、最初にも指摘した通り、現在進行中の科学技術基本計画でも、技術と並んで、科学もしっかりやることで、産業や経済の面での国際競争力を発展させせよう、というスローガンにもなるのでしょう。しかし今そうだからと言って、過去にもそうだったことにはなりません。

考えてみてください。科学が欧米で本格的な進展を見せたのは一九世紀のことですが、その一九世紀には、やはり欧米で（そして遅ればせながら日本でも）産業革命が進行し、近代産業が次々に立ち上がっていきました。最初は繊維産業から、次第に重工業へ、鉄鋼産業からやがて電気・電力、あるいは鉄道や自動車産業など、これらの基本は一九世紀に築かれました。

しかし、そうした近代産業の立役者たち、例えば、電気・電力のエジソン、鉄鋼のカーネギー、あるいは蒸気機関車産業の起業者として名高いボルズィッヒ、大衆車の自動車王となったフォード、彼らの歩んだ略歴を調べればすぐに判りますが、こういう人たちは、科学の知識があったから、あのような成功を収めたのでは全くありません。それどころか、彼らは例外なく、まともな教育など受けたことがなく、科学者がどのような研究成果を上げており、どの分野にはどのような新しい知識が生産され、蓄積され、流通し、利用されるのを待っているか、というようなことについて、全く知りませんでした。何故かと言えば、科学者は、当時は辛うじて大学に居場所を見つけ始めていましたが、上のような起業家たちはおよそ大学などと縁がなかったからです。二〇世紀に入っても事態は簡単には変わりませんでした。

外部社会に利用され始めた専門知識

風が変わったのは、まさしく核兵器の開発、つまり一九四〇年代半ばのことです。原子内部の構造がどうなっているのか、ということに関心と好奇心を抱く研究者の共同体は、すでに存在していました。しかし、そこで生産される新しいもろもろの知識を利用するのも、まだ共同体内部の仲間に限られるという状態が続いていました。

しかし、そうした内部で生まれた知識のなかで、フェルミ（一九〇一－五四　「原子力の設計者」とも称されるイタリア生まれのアメリカの物理学者）と、O・ハーン（一八七九－一九六八　ドイツの化学者でウランなどの核分裂を研究）、リーゼ・マイトナー（一八七八－一九六八　スウェーデンの物理学者。放射能の研究を行った）らが見つけ出した知識はとびきりの意味がありました。ウランの原子核に中性子をぶつけると、別の物質に変化する、現代の錬金術とも言えるこの現象は、今から考えれば「核分裂」として理解できるものですが、当時はきわめて新奇な事柄に見えました。しかもそれが確認されると、その際に大きなエネルギーが放出されることも判ってきました。

この新知識は当然原子核を研究する研究者の共同体の内部で、自己完結的に流通するはずでした。しかし、そこで生まれる巨大なエネルギーが、武器のために利用できるかもしれないことに気付いた何人かの研究者がいました。時代がナチス・ドイツが台頭し、第二次世界大戦の予兆がすでに色々な形で見え始めているという、危険な時期であったからこそと思われます。

そうした研究者のなかには、ナチスがこの新兵器の開発に成功したときを予想して、激しい焦燥感を持つ人々がいました。彼らの何人かは、ナチスの対抗勢力となり得るアメリカとイギリスの政府に働きかけて、ナチスにこの科学研究上の新知識を利用させないような方策をとるべきだと訴えました。詳しい経緯はここでは省きますが、それが最終的には、あのマンハッタン計画になったのです。

つまり、ここで起こったことを、すでにお話ししたことと対比させながら整理してみましょう。それまで、科学者の共同体の内部だけで生産・蓄積・流通・利用されてきた科学上の知識(この場合は、原子核は中性子によって分裂させることができること、またそのときに大きなエネルギーを放出すること)を、科学者共同体の外の組織である行政や軍部が利用する道が、ここに開かれたことになります。

このときは、世界大戦という非常時でしたので、それは特別のことだという認識が、利用させてもらう側(行政や軍部)にも、また利用してもらう側(科学者)にもあったようです。と言うのも科学者の立場に立つと、今でも、すでにお話ししたような、自己完結的な営みとして自分たちの携わる科学という仕事を考えている人々は大変多いからです。一方、行政の側にも、戦時中の特殊な事情だと受け取られがちであったことは、次のようなエピソードから、はっきり判ります。

アメリカのマンハッタン計画は、直接にはグローヴズという軍人に率いられたプロジェクトでしたが、アメリカ中央政府で管轄していたのは、V・ブッシュという人物でした。念のために申しますが、アメリカ大統領とは全く関係がありません。ブッシュは時の大統領ローズヴェルトの信任が厚く、抜擢されて戦時下の科学総動員態勢の責任者となり、それゆえマンハッタン計画の責任者でもあったわけです。一九四四年一一月、ローズヴェルトはブッシュに一通の書簡を託しました。その書簡にはあらまし次のようなことが書かれていました。

《貴下のお陰で科学の動員計画は成功を収めつつある。我らの勝利は間近である。しかし、これは戦時中だからできたことだ。我らの勝利によって、平和が戻ったときにも、やはり科学を社会のために利用する態勢を維持するために、中央政府に何ができるか、またどのような仕組みを考えたらよいか、リポートにまとめてほしい。平和の際に、科学の成果が貢献できることとしては、産業の振興による新規雇用の増大、病気との闘い、国民の生活水準の向上の三つではないか。》

ブッシュは、翌年になって、リポートをまとめました。『科学――この終わりなきフロンティア』と題するこの報告書こそ、その後の科学の性格を大きく変えるバイブルの役割を果たすことになったのです。つまり、このときから科学は、科学者の好奇心を満足させるための、自己完結的な知的活動であると同時に、その成果を外部社会が、特に国家が、自分たちの目的を達成するために存分に利用できる宝庫という性格を持つことになったからです。

序論で、日本の科学技術基本法に関して触れました。それは、ある意味では随分遅れたのですが（とは言っても、科学・技術の振興と国家の責任とを、このように法律で結びつけて定めた例は、海外にはあまりありません）、このブッシュの構想を日本で実現しようとする試みであるとも考えられるのです。

つまり原子力というのは、高度な科学上の知識を、社会が組織的に利用した結果としては最初のものであり、しかも、出発点は大量殺戮兵器の開発という「利用形態」であったわけです。これは言うまでもないことのようですが、一応確かめておきたいことなのです。特に日本は、その大量殺戮兵器を二度に亘って使用され、惨禍を被った、という記憶を持ち続けています。そのことが、日本の原子力産業への社会の意識のなかに、いくばくかの影を落としてきていることは間違いないと思われます。

核分裂反応の利用

原子力産業の特異性はどこにあるか、今度はその内容から整理してみましょう。言うまでもなくその最大のポイントは放射線を扱うところにあります。原子爆弾はウランやプルトニウムなどに中性子をぶつけて、核分裂を起こさせるときに得られるエネルギーを破壊や殺戮に使う(副産物として放射線による効果も考えられてきた)わけですが、そうした物質原子は中性子を当てると崩壊して、中性子を放出します。その中性子を使えば、次なる原子の破壊に使える道理です。

こうして一旦核分裂が始まると、それが呼び水になって反応が続いていくことになります。これが「連鎖反応」と言われるものです。爆弾は、この連鎖反応を一気に起こさせるわけですが、発電所では、この連鎖反応をコントロールして、ゆっくりと持続的に起こさせる、という違いがあります。

発電所では、核分裂を起こさせる装置を「炉」と呼びますが、炉のなかに分裂した後の物質の残骸(核分裂生成物)が蓄積されます。それは放射線を多量に放出する物質ですね。また、炉の構造物自体も次第に放射化することになります。

放射線は、適度に管理しながら使うと、医療や工業などで大きな貢献をします。医療では検査や癌の治療などに利用されています。また工業では半導体デヴァイスの製造、あるいは構造物の非破壊検査などでも大きな働きをしてくれます。食品の殺菌などに使われることもあります。しかし、生体にとっては同時にきわめて危険な存在でもあります。ある程度以上の量を被曝すると、即座に生命に危険が生じます。

これに対して、遅発的に起こる傷害としては、癌の発生などがあります。生殖腺に被曝した場合には、精子や卵子に異常を惹き起こす可能性があります。生物の遺伝情報を攪乱《かくらん》する（もっとも、その結果が常にその生物種にとって負の効果であるとは限りませんが）最も一般的な要素は、普通の環境にも存在する放射線だと言われています。

核分裂による発電所は、こうした放射線源を多量に抱え込む施設だけに、それを防護する対策が何重にも必要になりますし、放射線は目には見えない存在であるため、漏洩することへの恐怖が大きいことも理解できます。もっとも、放射線は一般にきわめて微量であっても、きちんと検知することができるという特性があります。その点が救いなので、まず原子力発電施設の安全を巡る基本は、何重にも徹底した放射線防護対策と、万一何らかの理由で防護に隙ができて、放射線が漏洩したときに検知する方策、そして、その漏洩が広がらないようにする方策を整備するということになります。

原子力発電所事故のカテゴリー分類

ことの性質上、国際原子力機関（ＩＡＥＡ）は、起こり得るこうした事故（とは呼ばない場合も含めて）の程度を八つのカテゴリー、ＩＮＥＳ（原子力施設の事象の国際評価尺度）に分類しています。ＩＮＥＳはInternational Nuclear Event Scaleの略語です。まず仮に何らかの異常が起きてもそれが安全に一切関係しない性質のものを対象外として取り除きます。そして多少とも安全に関連する事象は、図４のように、０から７の八つに分けられることになります。０から３までは「異常な事象」、４以上は「事故」と規定されています。

それでは、これまでの原子力発電に関連する重要な事故のおさらいをしておきましょう。

今、私たちの記憶に残っている最も印象的な事故は、アメリカのＴＭＩ（スリーマイルアイランド）原子力発電所の事故と、旧ソ連チェルノブイリ原子力発電所事故、それに日本の東海村ＪＣＯウラン加工工場事故でしょう。

念のためにこれらの事故をＩＮＥＳの分類に当てはめた結果を最初に示しておくと、ＴＭＩ事故はレヴェル５、チェルノブイリ事故は最高位のレヴェル７、ＪＣＯ事故はレヴェル４と認定されたものです（ただし繰り返しますがＪＣＯ事故は、発電所のサイトで起こったものではありませんので、当然レヴェル４の規定条件のなかにある「炉心や防護壁のかなりの損傷」は起きていません）。

図4　原子力発電所事故のカテゴリー分類

レヴェル	事　象	
7 深刻な事故	激甚な事故として規定される。放射性物質の大規模な外部放出、広範囲にわたる外部の健康傷害と環境傷害を惹き起こす事象	事故
6 大事故	大事故として規定される。かなりな量の放射性物質が外部に放出され、緊急時対策の実施が全面的に必要となる事象	
5 所外へリスクを伴う事故	炉心や防護壁の重大な損傷、放射性物質が外部に放出され、緊急時対策の部分的実施が必要となるような事象	
4 所外へリスクを伴わない事故	炉心や防護壁のかなりの損傷、作業員の致死量被曝、外部での法定の安全基準上限程度の被曝者を生み出すような事象	
3 重大な異常事象	重大な異常事象として、防護設備が深層まで損傷し、重大な所内被曝、あるいは作業員の急性傷害を招くような被曝が起こり、法定限度を充分下回る程度の外部被曝者を出すような事象	異常な事象
2 異常事象	異常事象として安全設備の損傷を伴い、所内の放射線汚染、あるいは作業員の基準を超える被曝を惹き起こす事象	
1 逸脱	運転における認可範囲からの単なる逸脱	
0	何らかの異常な事象が起こっているが、安全上重要ではない場合	

資料:国際原子力機関(IAEA)
「原子力施設の事象の国際評価尺度(International Nuclear Event Scale)」による

スリーマイル島原子力発電所事故

TMI事故は一九七九年三月二八日に起きたものです。炉心の上部が露出して、炉心の損傷が起こりました。その点でレヴェル5と認定されたものですが、このとき幸いにも、放射性物質は大部分一次冷却系の内部にとどまって、外部に漏洩した放射性物質は希ガス系のものだけとなり、外部の人々の被曝は無視できる程度であったことは、レヴェル5の事故としては僥倖であったかもしれないのですが、逆に、何重にも施した防護装置が期待通りの効果を発揮したとも言えるものでした。

事故の直接の原因は、何重かの誤作動が重なったものと分析されています。一次冷却材の漏洩が無視された上に、緊急給水を行うべきバルブが閉じられたまま運転が続けられ、さらに、いくつかの軽微な故障が発生した警報の重なりに作業員が混乱し、安全装置が働いて冷却材の緊急自動注入が始まるのを、手動で阻止してしまう、という事態のなかで起こったのがこの事故でした。

よく事故の説明に「スイスチーズ・モデル」が使われます。別に「スイス」でなくとも穴の空いたチーズはあるでしょうから、この命名はぴんときませんが、とにかく穴の空いたチーズのスライスを何枚も重ねれば、普通は通ってしまうことはないのに、何かの拍子でそれぞれのスライスの穴の部分が重なってしまうと、穴が貫通する（図5参照）。

つまりスライスは、事故防御のための一つ一つの手立てで、一つがすり抜けられても、次の一つ、あるいは次の次の一つで食い止められるはずなのに、何かの拍子で、すり抜け穴が重なって全部が通ってしまうと、事故が起こる、ということの喩《たと》えです。この一件は、ミスの重なりという点では、このモデルがよく合いますし、防護対策の重なりという点では、ある意味ではスイスチーズにならずに食い止めた、とも言えるものでした。

チェルノブイリ原子力発電所事故

チェルノブイリ事故はこれに比べれば、はるかに大きな災害をもたらしました。この原子炉はソ連が独自に開発したものなのですが（旧ソ連の内部でのみ使用されてきた）、設計の上ですでに問題がいくつかあったと言われています。例えば原子炉を停止させるためには、制御棒を挿入するのですが、その速度が非常に遅く、かえって制御棒を挿入しようとすると出力が上がってしまうような事態が起こる可能性さえあったようです。また炉の気密式の格納容器も整備されていませんでした。

そうした問題を抱えた炉において、一九八六年四月二六日に、ある意味では不法に、炉の運転の資格のない電気技術者が指揮をとって、ある種の実験が行われたのです。この実験は、直

図5　スイスチーズ・モデル

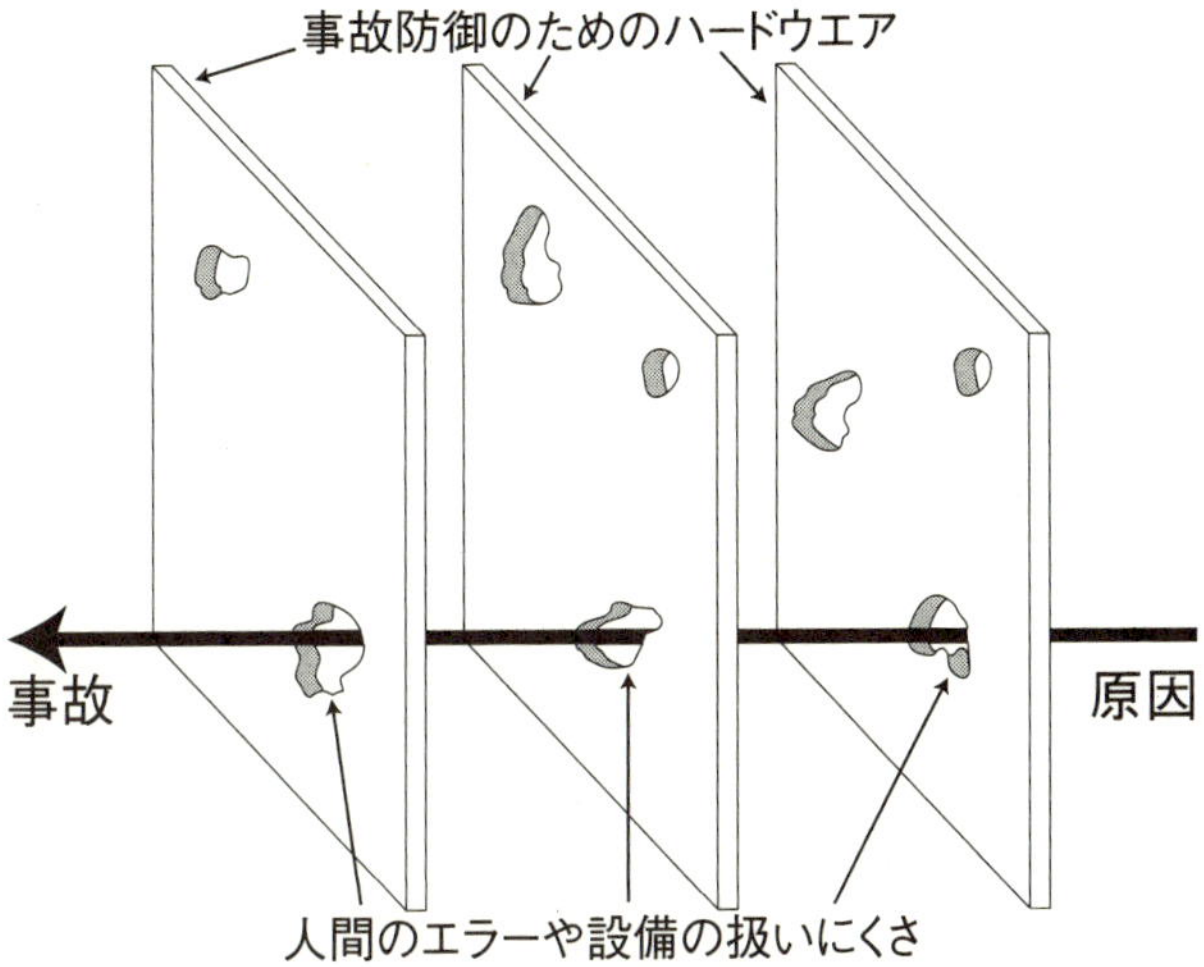

接原子炉の燃焼状態とは無関係な性格のものでしたから、炉を停止させた上で実験すれば実は何の問題もなかったはずでした。

ところが、炉に付随する緊急自動停止装置や安全装置のほとんどすべてを切ってしまった状態で、しかも制御棒も大部分を抜いてしまった状態で、炉を運転するという、「暴挙」と呼んでもよいような実験方法をとったため、出力が急激に上昇し、食い止める手段もないままに炉が暴走を始め、さらにその後の緊急事態への対応も誤ったために、施設全体の破壊まで惹き起こし、さらに大量の放射性物質が外部に拡散しました。

この事故で三人の従業員が即死し、消火作業に当たった二九人が死亡するなど三〇人を超える死者を出しました。さらにこの事故による汚染地域は三つの共和国約二万五千平方キロメートルに及び、一平方メートル当たり一八五キロベクレル（一平方キロメートル当たり五キューリー）を超えるセシウム一三七の地表汚染をもたらし、七一〇万人に健康被害を与えたとされます。その被害は人間に対しても、環境に対しても、今でも続いています。この事故は原子力の平和利用において起こった最悪の事故であったと言えます。

原子力関係の当事者たちは、あらためて安全対策に欠陥のある装置の怖さを認識し、また規則の遵守《じゅんしゅ》の大切さを学びました。そして、こうした事故が起こったとき、それは国境を越えた被害をもたらすことも実地に知ることができたために、国際的な協力による安全性の向上への方策づくりを重ねること、組織と個人が安全を第一にあらゆる努力を常に傾注し続けることが原子力産業の維持・発展に不可欠であること、などが認識されるようになりました。後者は、原子力の分野から「安全文化」(safety culture) という概念になって発信され、他の分野にも広がりつつあります。この点は後に戻ってくる機会があるでしょう。

東海村ＪＣＯ臨界事故

第三番目の事故は、いささか気の重い記述になりますが、我が日本のＪＣＯ事故であります。この事故については時期的にも比較的最近であり、また国内で起こったこともあって、あまり詳細な説明は不要かもしれませんが、ことは一九九九年九月三〇日にＪＣＯという原子炉の「燃料」を製造する企業の東海村作業所で起こりました。この作業所の通常の業務は、一般の発電所で使われる核燃料の製造、つまりウランを加工して原子炉で「燃やせる」ようにすることでしたが、このときはたまたま、高速増殖炉「常陽」のための特殊な燃料の製造を請け負っていたのです。

これも念のために書いておきますが、これまでにお話ししてきたように、原子力に関する施設、特に実際にエネルギーを取り出す「炉」（英語では「反応を起こさせるもの」という意味の reactor が使われます）は、最大限の安全性が要求されるために、一つのモデルを設計すると、小規模な実験のための炉をまず造り（実験炉と言います）、そこで試してみて十分に安全を確認できたら、少し規模の大きいモデルを造り（原型炉と言います）、さらに安全が確認できたら、ある程度通常業務を担えるくらいの規模に拡大したモデル（実証炉と言います）を造ってもう一度安全を確認した上で、初めて、一般の原子力発電所が使う炉（商業炉と言います）の製造へと移行するという手順が踏まれます。

高速増殖炉というのは、一時は夢のエネルギー源と言われたこともありますが、要するに普通の原子炉ではウランに中性子を当てて連鎖反応を起こさせるだけですが、この炉では、発生する高速中性子の力で燃えない物質まで燃える物質（プルトニウム）に変化させるという反応を起こさせるので、最初に用意した燃料を燃やす間に自動的に新たに燃える材料を造り出すことができる、という離れ業に挑戦したものです。世界的にも大変期待が持たれたのですが、技術上の困難や高コストなどから、消極的な姿勢を示す国々が多く、最も積極的なフランスも造ったものの一つは廃炉にし、一つを実験目的のためだけに運転しているという状況にあります。日本は通常の炉と違って自主開発に取り組み、実験炉として「常陽」を、原型炉として「もんじゅ」を開発しましたが、「もんじゅ」が温度計の設計ミスというつまらない理由で、冷却材のナトリウムが漏れ、火災などで施設の一部を破損した事故以降、運転が凍結されています。したがって「常陽」は日本で唯一の、そして世界でも稀な、高速増殖炉なのです。その燃料としては、通常の核燃料よりもはるかに濃縮度の高いものが使われるのです。

JCOの事故当時の業務は、そうした燃料製造だったのです。後はご承知の通り、本来自動装置で送られるはずの燃料素材を、能率が悪いということで、手動で送り込むという作業に切り替えたのです。これはおそらく事故が起こる相当前から現場で採用されていた「作業改善」方法であったと思われます。さらに致命的だったのは、最後の槽には、手動で送り込むにも窓がなく、やむを得ず、点検のために設けられている小さな窓から漏斗《ろうと》を突っ込んで流し込むということ（この「改善法」は、事故の前日発案・実行された、と言われています）まで行ったのです。

爆発と臨界反応

さて、ここで常識のおさらいです。ウランやプルトニウムの原子核は、中性子が当たると分裂し、そのときまた中性子を放出します。それがまた別の原子に当たってそれを分裂させ、そこで出た中性子が……という形で次々に反応が起きることが「燃える」ということの意味でした。「燃える」が急激に起こることを「爆発」というのは、ここでも同じで、原子爆弾の爆発とはこの連鎖反応が急激に起こることですね。原子炉では、先にも言いましたように、材料をうまく調整して「急激な燃焼」つまり「爆発」が起こらないような条件を造り、さらに炉の仕組みを工夫することで、ゆっくりと恒常的に連鎖反応が続いていくようにしています。

しかし一個の原子核だけが分裂して終わってしまうのであればともかく、一旦「燃え」出せば、基本的にはゆっくりであれ、急激にであれ、材料と条件が整っていれば反応は続きます。この反応の続く状態を「臨界状態」と呼びます。つまりある程度以上濃縮されたウランが、ある程度以上の量が存在していれば、必ず「臨界」に達する、いやそうした状態をこそ「臨界」と言うわけですが、いずれにしても、そういうことになります。

ちなみに「濃縮」というのは次のようなことを言います。安定した状態である天然ウランは九九・二七パーセントがウラン238で、〇・七二パーセント弱がウラン235、それにごく微量のウラン２３４が混在する状態になっています。この三つの同位体のなかで、ウラン２３５だけが中性子との衝突で、分裂し、二個以上の中性子を新しく放出するという反応を起こすものとされています。したがって濃縮というのは、天然の状態から、ウラン２３５の割合を人為的に増やすことを言います。

爆弾を造るにはほとんど一〇〇パーセントに近い程度の濃縮が必要ですが、普通の商業炉（軽水炉という方式の）では四パーセント前後の低濃縮度でよいとされています。「常陽」のための燃料は、それよりも高い約一九パーセントの濃縮度が要求されていました。また濃縮度が一・五パーセント以下のウランなら、どれほど多量に集めても臨界状態にはならないとされています。それはそうでしょう、天然に存在するウランが、鉱脈のなかで勝手に核分裂を始めたら大変です。

ここでＪＣＯ作業所の問題の最後の槽の状態を考えてみましょう。作業が自動制御されている場合には、濃縮度の高い特殊な材料（高速増殖炉用の材料）でも、その槽のなかには臨界に達するほどの量が蓄積されることはあり得ない設計になっていました。それは当然の配慮でしょう。そのためにこそ蓄積される量を自動的に制御しているのですから。ところが、のぞき窓を開けて、言わば無理に大量の濃縮された材料をその槽に流し込んだら、当然臨界に達するはずです。実際に起こったことは、まさにその当然のことだったわけです。

調査によると、前日の作業の終わった時点で、問題の槽のなかの材料の量は、臨界量を超えていたそうです。つまり前日の終わりにはその層のなかで臨界に達し（燃え始め）ていてもおかしくなかったようです。そうならなかったのは単なる偶然だった。ところが、翌日、つまり問題の日、作業員は再び漏斗を使って手動の注入を開始した。そこで「燃え始め」たために、二人の作業員は放出された放射線を大量に浴び、結局生命を失うことになりました。

なおこのことでも判りますが、原子核が「燃え」始めると、それを消すのはなかなか大変です。このときも二〇時間以上も「燃え」続けました。バケツの水をかけたり、消火器を使ったりしても「消え」ません。実際の炉では制御棒というものを働かせて、連鎖反応を抑える、という方法をとっています。

このとき、外部にも放射性物質が放出され、周辺住民にも、一般の人々が浴びても問題ないとされる基準線量を超す放射線の被曝をした人々が生まれてしまいました。

起こり得ないはずの事故

実はこの事故は、非常に原始的な性格のものでした。似たような事故を探すとすれば、海外ではかなり昔までさかのぼらなければなりません。一つの類似例は一九五七年にやはり旧ソ連圏の核燃料施設で起こっています。このときはウランの濃縮中に臨界に達し、六人が被曝、一人が亡くなっています。もう一つ翌年のアメリカ、ロスアラモス研究所で起こった事故も似ていないことはありません。このときは廃液を攪拌《かくはん》中に臨界状態が起き、やはり一人が亡くなっています。

しかし、その後類似の事故はほとんど全くありません。理由は簡単で、どのような性質の材料を、どれだけの量を蓄えれば臨界状態になるかは、理論上明確に判っていることですし、起こさせないための手続きも簡単で、要するにそれだけの量を同時に蓄えないようにすればよいだけだからです。一九九〇年代に、しかも原子力の扱いに経験が決して短くも乏しくもない、また致命的な事故を一度も起こしていない日本のような国に、この種の単純すぎる事故が起ったことこそ、国内だけでなく、世界に衝撃を与えました。

それはしかし重要な教訓を含んでいます。言い古されたクリシェ（決まり文句）を使えば、「初心忘るべからず」です。原子力の世界は、いや、それは本書の他のあらゆる場面でもそうであることが判っていただけるはずなのですが、如何なる領域といえども、ものごとがルーティン化し、安全に推移するのが当然と思われ始めた瞬間に、安全は崩壊する、ということはどうやら確かなことのようです。これは安全にとって大切なことですが、安全を指向するインセンティヴをもち続けることは、きわめて難しいのです。

技術の継承、知識の継承

それは技術の継承という点とも絡みます。一例を挙げます。二〇〇一年一一月七日、中部電力の浜岡原子力発電所で余熱を除去する系統の配管に破損事故が起きました。調査の結果判ったことは、問題の配管系は、当初の設計を「改良」し連結の様式を変更したために、その一部に水素が溜まって、それが小さな爆発を起こしたということです。ここで認定された「水素」とはいったい何か。炉水が炉内で放射線を受けると、分解して水素を発生します。この水素の処理は、初期の炉の設計や施工に当たっては重大な問題でした。初期の炉の建設に関わった技術者なら、このことは十分に承知をしていたはずです。

ところが、先の配管系を「改良」しようと繋ぎ替えたのは、第一世代の技術者ではなかったために、そうした基礎的な問題意識を継承していなかったことが、この事故に繋がった、と考えられます。「改良」される前の配管構造がそうであることには、十分な理由があったことになりますね。現場の知識がきちんと継承されていくことがいかに大切か、マニュアルに結果だけが指示されていても、その背景となる暗黙知のようなものまできちんと継承されていなければ、結局はこうした事態を招いてしまう、というよい教訓であったのではないでしょうか。

それに現世代の技術者にとっては、炉は、設計や施工の対象ではなく、すでにでき上がっている「商品」であり、定められた「運転」と「メインテナンス」のマニュアルを理解していれば、それで十分役目が果たせる、という状態になっています。そして何もことが起こらなければ、概ねは、確かにそれで十分なのです。それがこうした技術の怖いところでもあります。

「過ちに学ぶ」ということ

このような事故のもたらした結果は何だったのでしょうか。本書を通じて繰り返し指摘することになると思いますが、安全対策の根本は、まず起こったことを克明・詳細に収集・分析することです。そして、そこに人間のミスや愚行が関与していたとしても（上の事例の大半が何らかの人的ミスや愚行が絡んでいます）、それを非難するだけではなく、今後人間が再度同じようなミスを犯したときには、問題になるような結果を導かないようにするために、制度やシステムをどのように改善・整備すべきか、そのことを考える材料としてこそ、事故というものの意味が生まれてくるのです。

「過ちに学ぶ」ことこそ、安全対策のアルファでありオメガです。そして上に挙げた三つの例だけでも、「学ぶ」べき点は無数にあります。「初心忘るべからず」もまたその一つでしょう。しかし、そうした個々の問題を越えて、こうした事故は、一つの重要な理念を把握し、提唱するようになりました。それが、すでに僅かに触れた「安全文化」というものです。

「安全文化」とは

安全文化は、国際原子力機関が、相次ぐ事故を教訓として、国際的に原子力関係者に向けた啓発活動として提唱してきた概念です。国際原子力機関の内部にＩＮＳＡＧ（国際原子力安全諮問グループ）と呼ばれる下部組織があります。これは International Nuclear Safety Advisory Group の省略形ですが、そこが発表した報告書によると、安全文化の定義は次のようになっています。

安全文化とは、組織ならびに個人の示す特色と姿勢の総合体であって、何よりも高い優先度で、原子力施設の安全問題がその重要度に相応しい留意を受けることを保証しようとするものを言う。

この定義はさらに次のように続きます。

安全文化は二つの要素からなる。一つは組織内の必要な枠組みと管理機構の責任の取り方である。第二にはあらゆる階層の従業員が、その枠組みに対しての責任の取り方および理解の仕方において、どのような姿勢を示すか、という点である。

このような非常に厳しい文言で規定される安全文化は、政策における意志決定者から、組織の管理者を経て、文字通りの一介の従業員にいたるまで、安全達成のために、どのような責任があるか、どのような役割を果たすべきか、という点を克明に示すことによって、各組織体に普及することが期待されていることになります。

これは単なる精神主義ではありません。と言うのも、それぞれのなすべきことが具体的に示されているからです。例えば個々の従業員には、
一、常に疑問を持ち、それを表明する習慣を付けること
二、厳密で思慮深い行動をとるには、何を心がけるべきかを考えること
三、相互・上下の間のコミュニケーションを十分に円滑にすること
などが求められています。また管理的業務に携わる人々には、
一、責任の範囲を常に明確にして隙間がないようにすること
二、部下の安全を発展させる実践活動を明確に分節化し、かつそれを統御すること
三、部下の資質を見抜き十分な訓練を施すこと
四、褒賞と制裁とを明確に行うこと
五、常に監査、評価を怠らず、また異分野や他のセクションとの比較を怠らないこと
などを規定しています。

これらの規定はまだ大まかなところがありますが、一つ一つの事業者や企業組織などは、こうした大まかな枠組みに従いながら、自分の組織文化に最も適した詳細を規定し、実践してい

くことが求められていると言ってよいでしょう。

お判りのように、その内容は、必ずしも原子力にとどまらず、もっと汎用性のある言い方になっていますから、他の業種の場合も、見習うことができると考えられます。

多重防護システム

原子力の世界は、ある意味では安全問題の先駆者とも言えます。もっとも産業としての歴史は古くはありません、たかだか半世紀の歴史しかないからです。しかし、業務の特質上、安全には特に注意を払わなければ、社会的にも受け入れられ難いものであるがゆえに、安全の問題への取り組み方は、決してあいまいに終始してきたわけではありません。

そのことは、こうした安全文化という理念と表裏をなして、安全やリスクの定量的把握にも率先して努力を払ってきたことからも理解できます。

そのことをここではお話ししてみることにしましょう。この分野で開発されたPSAと呼ばれている方法があります。何でもローマ字の略語を使うのはアメリカの習慣で、あまり好ましいことではないのですが、まあ仕方がないですね。PSAとはProbabilistic Safety Assessmentという英語表現の略語です。「確率論的に安全を評価する」とでも訳せましょうか。

普通の人工物についての設計規格の場合には、さまざまな実際上の経験的なデータを集めてきて（そのなかには、過去に類似のものを使ったときのデータや、大型の対象物の場合には、まず小型の模型を造って実験してみるのが通例ですが、そうしたことで得たデータ、それに最近ではコンピューター・シミュレーションで得られたデータなどがあります）、それに基づいて安全と思われる基準もしくは規格を立てます。そして実際にその基準や規格の下で運用してみて、不都合や危険が起こると、再びその経験に基づいて、より安全性を高めるために基準・規格を改定することで、安全性の追求が行われます。

当然のことながら、原子力発電施設でも、この手法でことが行われてきました。起こり得る最悪の事態を推定して、それが万一起こったときにも安全が確保できるように、何重にも防護のための対策を立て、また大きなシステムですから、そのシステムの個々の要素に最悪の故障が起きたとしてもなお、システム全体が安全に状況を保てるような配慮をする、というのが、この方法です。多重防護システムと呼ばれます。

機械は故障し、人間は過ちを犯す

ＰＳＡというのは、確かにアメリカの原子力関連の業界で誕生した手法で、上のような通常の手法とは少し異なっています。原子炉というのは巨大で複雑な人工物システムですが、それを構成する要素（部品まで含めて）も結局はすべて人工物です。さらにそのシステムを運用する際には、どうしても人間が必要ですから、この巨大なシステムは一つの「人間―機械系」ですね。したがって運転中のシステム全体を考えれば、その要素のなかには人間も含まれます。こうした多様な要素の累積体であるシステムについて、「すべての要素（人工物）は故障したり損傷したりする可能性があり、かつすべての要素（人間）は過ちを犯す可能性がある」という前提を立てます。

そして一つ一つの要素（すでにお話ししたように人間も含めて）に何らかの不都合が発生する確率を算定します。その算出には、それぞれの要素についての過去の実績が基礎となります。そしてその不都合の一つ一つが実現したと仮定したとき、どのような連鎖を構成して、炉心溶融という原子炉施設にとって最悪の危険に辿りつくか、そのシナリオ（「事象の木」と呼ぶようですが）を想定します。そのシナリオはもちろん一本ではないでしょう。しかし、その想定から、そのシステムが炉心溶融という最悪の事態を惹き起こす確率も算出できることになります。

この手法を重ねて適用すると、炉心溶融が起こった後、施設全体が破壊されるまでのシナリオとその確率も算定できることになります。さらに、その結果として付近の環境にしかじかの影響を与える、あるいはそれよりもっと悪い影響を与える、あるいは最悪の影響を与える、というような色々のケースについても、シナリオが書け、それぞれのシナリオについて起こり得る可能性が確率として算出できることになります。

もちろん人間がやることですから、すべての可能性を完全に網羅的に一つ一つ考慮し、起こり得るすべての可能性を網羅的に組み合わせたシナリオとして推定する、というのは至難の業ですが、このような計算は人間よりお得意なコンピューターの助けを借りれば、この手法はそれなりにかなり正確に、ある施設の安全性を定量的に評価することができると言えます。実際に現在原子力施設の安全性評価には、この手法が取り入れられています。

「絶対安全」はない

当然のことながら、人工物や人間―機械系に「絶対安全」はあり得ません。もっとも自然だって同じことです。ではどの程度「絶対」ではないのか、その程度を定量的に示すことができれば、という発想から生まれたこの手法は、不都合の生まれる確率の高い要素を含んだ部分(下位システム)については、防護を十二分に重ねる、というように、安全対策に相対的な重み付けを行うためにも、それなりに信頼の置ける手法を提供しているとも言えます。

たしかに、このような事故が起こる確率は計算してみると、一千万年に一回だ、と言われれば、私たちは、相当安全と考えていいんだな、と思いますね。人間の寿命がたかだか百年ということからすれば、ほとんど問題にならない数字ではないか。なるほどそれはそうなんですが、困ったことには、こうした数字を「合理的」に算出されても、私たちは「安心した！」と言ってしまえないところがあります。

落とし話に、亀を買ってきたら翌日死んでしまった、亀は一万年生きると聞いていたのに、こんなに直ぐ死んでしまうとは、と嘆いたら、きっと今日が、一万年目だったんだろう、と言われたというものですが、一千万年に一回のその事象が、私の生きている間、あるいは今日絶対に起こらないという保証は、少なくとも心理的にはない、ということです。

もちろん、私たちの安全を求める活動のなかに、ここでご紹介したＰＳＡのような手法が取り入れられることは、前進だと思いますし、この手法、あるいはその発想は、リスク・アセスメント（リスク評価）の手法の一つとして、ほかの分野（例えば医療など）にも利用されつつあります。

それでも私たちの安心は得られない、とすれば「安心を得る」ということはいったいどういうことなのか、それが一つの大きな課題として残るように思います。そのことは、また章を改めてお話しすることにしましょう。

第四章　安全の設計——リスクの認知とリスク・マネジメント

リスク・マネジメントとリスク管理

一般にリスク・マネジメントと呼ばれている領域があります。日本でもオウム事件や阪神・淡路大震災（一九九五年）などに鑑みて、政策・行政におけるリスク・マネジメントの整備が叫ばれましたし、あるいは企業が社会的に問題を惹き起こした際の対応に関しても、そうした組織的な対応の必要がクローズアップした結果、「危機管理」という言葉が定着した感があります。

リスク・マネジメントと危機管理とは同じものなのでしょうか。ベースボールと野球とは違う、という議論がありましたが、そうした文化的な差異はともかく、「リスク」の訳語が「危機」で、「マネジメント」の訳語が「管理」なのでしょうか。

「マネジメント」は「管理」でもありますが、「経営」でもあります。「マネジメント」の動詞である「マネッジ manage」は「うまく物事を処理する」という意味が柱ですから、「管理」も「経営」もどこか少しずれる感じがしますね。しかし、ここでは、マネジメントにはあまりこだわらずに、「リスク」という言葉について少し考えてみましょう。

辞書による解説では、こんな風に書かれています。この語は、他の多くの英語の単語と同じく、フランス語 risque に由来している。フランス語のこの語は、イタリア語である risco もしくはrischioから導かれた。これらの名詞形を生んだ動詞risicareもしくはrischiareは「危険に飛び込む」という意味であった。このイタリア語はラテン語のrisicareに由来するものと思われるが、この語は「断崖に挟まれた狭隘な水路を何とかうまく操船して抜ける」という意味であった。それと言うのも、ギリシャ語のrhizaが「断崖」を意味し、ラテン語動詞risicareは、このギリシャ語の派生語と思われるからである。

これが一応「リスク」という語の語源の定説のようです。この解釈には、何でもギリシャに遡るというヨーロッパのギリシャ中心思想からくるバイアスがあるかもしれませんが、異を唱えるだけの学識がこちらにはありませんので、この解釈を信用しましょう。すると「リスク」とはもともと単なる「受動的な危険」ではなく、行為者が自ら危険を認知しつつ敢えてその危険に挑む、というような文脈での「危険」である、ということが浮かび上がってきます。しばしば日本とヨーロッパの文化的な差として、危険を知らせる標識が話題になりますね。日本では、「この柵内立ち入り禁止」という標識を掲げるところを、英語ではBeyond this barricade at your own risk! という標識になる、という話です。

念のためにこの英語表現を直訳すれば、「この柵から先へは、君自身のリスク（の責任）において（入るなら入りなさい）！」ということになります。なるほど、このときの「リスク」からは、まさしく「行為者の敢えてする危険（行為）」の意味がよく伝わってきますね。もちろん、この標識の表現の差は、日本語の表現が「管理的」な立場から、パターナリズムを発揮しているのに対して、英語表現では、個人の責任（自己責任）が強調されているというところにあるのですが。いずれにせよ結論は、「リスク」と「危険」もしくは「危機」とは微妙な違いがある、ということになりましょう。

もっとも英英辞典で risk を引くと、「傷害や損失の危険（その具体的な事例）」と訳せる説明がついていますから、一般的に見れば「危険」とさして違わない、とも言えます。ただ「危険」が抽象的な意味であるのに対して、「リスク」は個々の具体的な危険を指している、という違いは日常的にも理解されているということになりましょうか。英語の「リスク」は単純には「危険」と置き換えられないと言えそうです。

人の意志とリスク

そこで、もう少しリスクの意味を分析してみましょう。例えば「株を買うにはリスクが付きまとう」という表現は十分妥当な表現ですね。しかし、「富士山にはいつか噴火するリスクがある」というのは、日本語としても奇妙に聞こえます。この文章では「リスク」は「危険」で置き換えられるべきでしょう。そこで、やはり「リスク」には「敢えてする」かどうかはともかくも、「人間の意志」が絡んでいる、あるいは「人間の行為」が絡んでいる、ということが読み取れます。

では何故「リスク」が「人間の意志」や「行為」と繋がるのでしょうか。「危険」があるなら、望まなければよいし、行わなければよいのではないでしょうか。ここには単なる「冒険」心だけではない。別の何かがあると考えられます。それは、やはりその行為には「利益」が伴い、その「利益」を追求しようとする意志があるからでしょう。「株を買う」行為には、当然配当や値上がりによる利益が前提されているはずです。つまり「リスク」は、基本的には「利益を望みながら、それを行うことによって被る可能性のある負の要素を考慮する」ことに繋がっていると言えるのではないでしょうか。

このような考え方のなかで浮上してきた「可能性」という概念は重要です。考えてみてください。人間の人生の最後に訪れる死をリスクとは言いませんね。もちろん、山に登るとき、人は死のリスクを負っているとは言えるでしょう。それは当然山に登ることがすなわち必ず死を招くわけではないからです。つまりその死は「可能性」として表れる。

しかし、人生の最後に訪れる死は、必然ですから、リスクとは言えない。株を買うとき、必ず値下がりするのであれば（もっとも、それなら、そもそも買う人はいませんが）、値下がりのリスクとは言わない。つまり、リスクのなかで問題になる「危険」は、「可能性として」の「危険」であり、しかも何らかの意味で人間が「利を求めることの代償」としての「危険」だということになります。

「可能性」の英語はpossibilityですが、これはかなり中立的な言葉です。話し手の「期待」(この場合は、必ずしも「良い」期待だけではなく、「危惧」としての「惧《おそ》れ」も含めての話ですが)が加わった言葉はprobabilityですね。しかし、この言葉はご承知の通り「確率」という意味も持ちます。つまり、「人間は何らかの利を期待して何かを行うが、その行為には負の要素があり得る」、その「可能性」を「確率」の立場で考慮することこそが、「リスク」を論じるときの最も基礎的な前提だ、と言ってよいでしょう。

リスク・マネジメントという領域が、確率という概念を柱にして成り立っているのは、こうした事情からです。当然人間は「利を求めて、何らかの行為を行う」わけですが、このときの「利益」もまた確実に手に入るものではありません。「株を買う」ことがもたらすと期待される利益もまた、可能性を本質としています。

したがって、得られる利益も、それに伴うリスクも、ともに「確率」を鍵としていることになります。結局リスク・マネジメントとは、得られるべき利益と、失うべき損失とを、確率という土俵の上で秤量《しょうりょう》しながら、利益を最大に、損失を最小にするような手立てを講じることにほかなりません。

そのためには、利益や損失を、どのように把握するか、把握された利益や損失を、どのように定量的に表現するか、利益最大、損失最小にするには、どのような手段を講じればよいか、こうした諸段階が考えられるでしょう。ここでは、多少一般的な観点から、それぞれを考えておくことにしましょう。最初にリスクは、どのように人々に認知されるか、という点から始めます。

リスク認知の主観性

リスクは不安や恐れと表裏をなす概念です。その意味では「心理的」意味合いをもっと言えますね。深刻な例になりますが、最近、会社から離れた、仕事を失った、という理由から、働き盛りの男性が自殺する、と解釈される例が増えています。すでに述べましたように、それは単に経済的な理由だけではなく、現代社会のなかで、ある程度以上の生活水準を維持できないことに対する、社会的な不安、恐れがあるのだ（それも結局は「経済的」だ、と言ってしまえば、確かにそうですが）、と解釈できます。

しかし、考えてみれば、これは奇妙なことです。生きることよりも、より大事な「生活水準」などというものがあるのでしょうか。「死に勝る苦しみ」とも言います。「死」が苦しみであるのか、そのことを自らの体験から語ることのできる人は、人類のなかには一人もいないのですから、判りませんが、「死んで花実が咲くものか」という言葉の方が、「合理的」ではあります。それでも、体面や容姿などを、自分の生命よりも上位に置く人々は、過去の歴史のなかにも、また今日でも、数多く存在してきたし、存在しています。

人間が感じる不安や恐れには、自分が享受している何ものかを失い、あるいは奪われる恐れというものがあります。それがリスクの認知に働くことが多い、と言えましょう。だから、喫煙者は、喫煙という行為が、個人的に見ても、社会全体から見ても、客観的なリスクはきわめて大きなものであるにもかかわらず、それが見えない、認知できない、という事態にもなります。ここでは、喫煙のリスクは、自分が享受している喫煙の楽しみを奪われることへのリスクの前に、本来的なリスクの認知が妨げられているわけです。

リスクの認知は、教育やグループ生活によって、より明確になること（エンフォースメント）もあれば、稀釈化されることもあります。例えば喫煙のリスク、飲酒のリスクは、禁煙グループやアルコール依存症患者の反アルコール・グループなどの、仲間意識のなかでより強化されますし、あるいは軍隊では、やはり教育や仲間意識の醸成に伴って、戦死や戦傷へのリスク認知は下がる傾向にあります。また「慣れ」はリスク意識の低下に役立ちます。交通事故によるリスクは、あまりにも日常的になってしまったがゆえに、他の、より小さなリスクよりもさらに過小的に認知される傾向にあります。

これは逆もある程度真になります。慣れていないもの、未知のものへの「恐れ」は、しばしば心理的に過大に現れます。教育や啓蒙がマイナスに働く典型はテレヴィジョンです。ある有名キャスターの登場するニュース番組（今は終了したそうですが）で、根拠のないリスクを喧伝した例(注)などは、世間でも話題になりました。

また、自分から時間的、空間的な距離が遠くなるにつれて、リスクの認知度は下がる傾向にあります。私の忘れ難い経験ですが、ある稀に見る学識者と言われている方が、私にこう言われたのです。「最近では私は家族の健康を考えて、自宅ではタバコを吸わないのですよ」。そう言われるご当人の手には、紫煙たなびくタバコがありました。これもリスクの認知を巡る「距離感」の問題ですね。自分の家族に関しては「リスク」として認知されるが、他人である私に関しては「リスク」として認知されていない、というわけですから。

地球の裏側に起こる（あるいは起こり得る）何らかの災害についての認知度は、自分の身近で起こるはるかに小さい程度の災害の認知よりも、ずっと小さくなるでしょう。同じように、自分たちが被るかもしれない損失と、何十年か後の、自分の会うことのない子孫が被るかもしれない損失とを比べたとき、その認知度に差ができるのは自然なことかもしれませんが、しかし、環境問題などに現れる「世代間倫理」、つまり現在のわれわれの世代の行為が、将来の世代に対して、どれだけの責任を問われるべきか、という問題には、深刻な意味を持ちます。将来の世代のリスクを、どれほどまざまざと、自分たちの問題として認知できるか、ということが、この問題には決定的な働きをするからです。

このように考えてみると、リスクの認知は、主観的な、あるいは心理的な要素を多分に含んでおり、それは個人や社会の価値観と密接に繋がっていることが判ります。こうした「主観的」な色の濃いリスクに関して、ある程度の「客観性」を与えるには、それらを定量化することが、一つの有力な方法になります。次には、リスクの定量化という問題を考えることにしましょう。

リスクと確率

その前に、念のために確率という概念のおさらいをしておきましょう。百も承知という方は、ここは読み飛ばしてくださって結構です。確率という概念を組織的に考えようとした最初の人として、よくパスカルの名前が挙がります。ポール・ロワイヤールという厳格で知られる修道院関係者のなかでも、特に厳格な生活を送ったと言われ、キリスト教の弁神論の系譜に隠れもなき存在である謹厳実直なパスカルが、「賭け」の問題を土台にして、確率論の出発点を造った、というのは、なかなか面白いと思いますが、やがてラプラス（一七四九―一八二七　フランスの数学者で天文学者）という啓蒙期最後の優れた数学者の手で、より洗練された確率論が始まります。

確率は、言うまでもなく0から1までの数値で表されます。

$$0 \leqq pi \leqq 1 \qquad (1)$$

という式がよく使われます。piというのは、選択肢がn個あったとき、その任意の一つを示すためにi番目の選択肢で代表させ、その確率、という意味です。n個の選択肢のすべてに確率を配当するとき、一つ一つの選択肢に与えられる確率の値を、すべて加えた「総和」は1になります。

$$\sum^{n} pi = 1 \qquad (2)$$

です。

例えば五人に一つのものを与えようとするとき、機会を均等にすれば一人がそれを貰える確率は五分の一になります。五分の一が五人ですから、その総和は1です。与える方でえこひいきをして、Aさんに二分の一の確率で与えるように仕組めば、他の四人が当たる確率は、残りの二分の一を四等分しますから、八分の一になります。Aさんの二分の一と、残りの四人(一人分が八分の一ですから)の確率を加えると、やはり結果は1になります。もっと不公平な事態、例えばAさんが必ず当たるような工作をすれば、Aさんの確率が1で、もう配当する確率はありませんから、他の四人の当たる確率は、どれも0ということになります。

確率が1(もしくは0)のときは、「可能性」ではなくなって、「必然性」になります。したがって、(1)式では、不等号と等号とが両方成り立つように表現されていますが、確率という概念を厳密に「可能性」という範囲に絞って考えるとすれば、むしろ等号は落とすべきなのかもしれませんね。ただ、この場合は、「必然性」も、「可能性」のなかの一つの極端な形である、と考えるとすれば、等号を落とさないでよいことになりますし、(1)式は、そうした理解の上に成り立っているとお考えください。

確率の基本概念は上の説明につきると言ってもよいのですが、勝負の予想などにこうした確率の概念は日常的に使われます。

例えば、今度の阪神・巨人戦は、四分六で阪神に有利だ、などという言い方をしますが、このときは、〇・六の確率で阪神が勝つ、という予想を立てていることになります。もちろん、勝負が終わってみれば、阪神は巨人に勝っているか、負けているか、そのどちらかで、六割勝って四割負けた、などという結果があるはずはありません。このことは、予想と確率との関係のなかでも、厄介な問題なのです。

予想と確率と心理的要素

天気予報が確率を取り入れてもう随分時間が経ちました。何となく、より科学的になったと感じておられる方もあるかもしれませんが、ある意味では、これは奇妙なことです。前にも書きましたが、例えば、私は今日の夜外出する予定があるとします。空模様が怪しいので、天気予報を聞いてみます。午後六時から夜半までに、この地方で一ミリ以上の雨の降る確率は六〇パーセントです、と予報士が言ったとしましょう。

私はどうすればよいのでしょう。六〇パーセントだけ傘を持っていく、などということは不可能です。一〇本の骨でできている傘の骨六本分だけ持っていく、というわけにはいかないからです。つまり、私は依然として「傘を持っていく」か「傘を持っていかない」かのどちらかの決断を迫られているだけなのです。阪神が六〇パーセントだけ勝つ、ということが不可能なのと同じです。

その意味では、このような事例では、確率は、科学的な予測の表現のように見えて、実は「心理的」な効果という点しかもっていない、ということになります。慎重な人であれば、六〇パーセントの降水確率だ、と言われたら、まず傘を持って外出するでしょう。多少なら濡れてもよい、荷物が少ない方が有難い、と思う人は、傘は持たないかもしれませんね。

もっとも傘を持つか、持たないか、であれば、それほど大きな問題ではないでしょう。特に最近では手軽に廉価な傘が買えることが多いのですから。でも、野外のイヴェントでお弁当や飲み物を売ろうとしているような人にとっては、この決断はかなり深刻ですね。

ただ、確率とは、これからも明らかにしますように、確かに数学的表現を土台にして、科学的証拠に基づいて立てられる予測にとって、欠かせない概念であり、道具立てです。これ抜きに機械やシステムの安全設計などできません。しかし、確率の概念を使った予測には、どこかで人間の「心理的」要素が働く場面がある、ということは考慮しておかなければならないことでしょう。

例えば、先走るようですが、リスクの確率から言えば圧倒的に高い交通事故死に寛大な人が、原子力発電の事故には非常に神経質である、とか、あるいは同じくリスクの確率から言えば圧倒的に高い喫煙による死や傷害に寛大な人が、近所にできるごみ処理場のダイオキシン禍には極端に厳しくなる、というような事例は枚挙に遑《いとま》がありません。

せんだっても、東北地方のある都市で、食品の安全についてのシンポジウムがあって、出席しましたが、ロビーはタバコの煙でもうもうとして（最近では珍しい体験になりましたが）いたのには、これはいったい何事だろうと仰天した覚えがあります。ここには、（もちろん、個別的な別の利害も絡むのでしょうが）確率とその「心理的」効果の間の非対称性が、よく見て取れます。

リスクの定量化

話を戻しましょう。確率を使って、リスクを定量的に表現する、という場合に、必ずしも常に同じ状況が整っているわけではありません。最も判りやすいのは、安定した過去の実績がすでに豊富にあって、事故についても経験的なデータが十分揃っている場合です。例えば、民間の航空機の事故で死亡するという「可能性」を考えてみましょう。もちろん航空機を使わなければ、航空機事故で死ぬ「可能性」はありません。すると航空機を利用して旅行する人々について考えることになりますが、ある距離を無事到達するのが大部分ですね。

しかし、時には事故が起こる。ある人は、そこで生命を失うこともある。そうなってくると、すべての旅行者が、どれだけの距離を動いたか、それをすべて加えますね。そして、これまでに、航空機事故によって亡くなった事例が、その総和の距離に対して、何件あるか。こう言ってしまえば、簡単ですが、とにかく、そういう計算ができることになりますね。すると、ある移動距離（例えば二〇億キロメートル、この数字は必ずしもでたらめではありませんが）当たりに一人の死者、というような数値が算出できるわけですね。あるいはこれを「時間」に関して算出することもできます。飛行時間当たりの死者というような形です。

もちろん、事故は死者を出すだけではなく、傷害をも生み出します。したがって、例えば上肢が使えなくなる確率、あるいは視力を失う確率、なども、過去のデータさえ集めれば、同じフォーマットで算出することができます。この方法は当然自動車による移動にも適用できますから、自動車による移動と、航空機による移動と、どちらがリスクが大きいか、という比較も可能になります。ちなみに、移動距離当たりの死者を比較すれば、最近では自動車の方が航空機より一桁ほどリスクが大きい、という結果が出ています。

しかし、すべての場合に、こうした定量的なデータがとにかく揃えられる場合ばかりとは限りません。もともと事故の発生する頻度が低ければ、過去の経験に頼ることが難しくなります。めったに起こらない事故が、仮に起こったときにも、結果があまり問題にならないような場合は、どうということもありませんが、日常の生活では、事故が起こってしまったら取り返しのつかないような結果が生じる可能性がある、というような場合には、対策を立てるためにも、きちんと定量的に扱うことができるのが望ましいことは、言うまでもありません。

したがって、どれほどデータが少なくとも、経験だけではなく、理論的な事柄も総動員してでも、事故が発生する確率を算定する努力をすることです。

例えば旅客機によって二〇億キロメートル移動する毎に一人の死者が出る、ということは、どんな理論からも導き出されることはあり得ません。それは純粋に経験的なデータです。しかし別の事例を考えてみましょう。ある海岸を津波が襲ってある程度以上の被害を出す確率は、過去の事例が非常に少ない（例えば平均すると数百年に一回程度）とすると、その頻度だけに頼って、リスクを定量化してもあまり意味はありません。しかし、その海岸の地形、大洋への開き方などを土台にして、起こったときの被害を定量的に推定することは、ある程度は可能だと考えられましょう。

リスクの定量化と損失・損害の定量化

このように極端に起こる頻度が低いようなリスクのなかには、それが万一起こったときの被害が大きいことが予想されるとしても、通常は無視することも多いのです。一例を挙げておきます。小惑星が地球に衝突して大きな被害を生み出すという事態は、地球の長い歴史のなかでも、そう度々起こっているわけではなさそうです。現在、このリスクの定量化はほとんど無視されています。確率が極度に低いからです。

しかし、それだけではない、リスクの定量化をしても、さてそれからどうするんだ、と言ったときに、何もできないではないか、という問題があるからなのです。しかし、それは完全な「杞憂」ではありません。とくに、太陽との位置関係によっては、かなり突然、小惑星が地球の至近距離までやってくる可能性があるということを指摘する天文学者もいます。避難を警告するのに十分な時間がないのでは、という恐れもあるわけです。しかし、そうなったときは仕方がない、というのが現在の私たちの大方の態度になっています。

ところが、核ミサイルを宇宙船に載せて小惑星めがけて発射し、大気圏に入ってくる前に、破壊できるのではないか、というアイディア（まるでSF映画のようで、実際同趣向の映画がアメリカで作られました）が最近一部で議論されています。冷戦構造の終結とともに、核兵器の行き場がなくなって困惑していたところですので、一部の関係者は色めき立っている、という話も聞こえてきます。ことの是非はともかくとして、損害・被害に対する防護の方法があり得る、となったときには、こうしたリスクにも定量化のインセンティヴが生まれてきます。

さて、リスクの定量化という場合に、単に損害が起こる確率が定められても、それで問題が解決したわけではありません。日常生活では、損害の大きさもまた定量化されなければなりません。例えば法律などで、損害賠償額を定めるときに、もしその被害が起こらなかったときに健康で定年まで働くことができるという仮定に立って、逸失したと推定される賃金を根拠に算定することがありますね。一人の人が不慮の事故で亡くなる、あるいは傷害を負う、ということを金銭に換算することのおぞましさは、よく判りますが、それでも、そうした損害額を推定、あるいは算定することが必要になることがあります。そして、そういう形で定量化された「損害額」と、その損害が起こる可能性の程度を示す確率とを掛け合わせた数値、それがリスクの「定量化」と言われるものの基本になると言えます。

先ほども見ましたように、確率が極端に低くても、事故が起こったときの損害・損失額が極端に大きい場合、この二者を乗じた数値は、それなりに大きくなります。これを「損失期待額」と呼んでおきましょう。ただし、ここには、先に述べた「心理的」要素は絡んでいません。

人間が不安になり、恐れを抱くことの大きさは、こうして算定された「損失期待額」に必ずしも対応しないのです。

喫煙による損失期待額は、社会全体として見たときには、遺伝子組み換え食品や食品添加物のそれの比ではありません（もちろん、そこには普及度の問題も絡みますが）。しかし、かなり多くの人々が、前者によりも、より大きな不安を後者に感じ、恐れを感じているのが現状です。

リスク評価とはシミュレーション

リスクの評価に関しては、一種のシミュレーションであると考えてよいでしょう。例えば、ある装置があるとします。エネルギーを取り込み、内部装置を動かし、最終的には所期の結果を生み出す、という流れになっているとします。エネルギーを取り込むに当たって、どういう問題が起こり得るか、理論と経験の双方から解析し、それぞれの問題が起こる確率を算定します。むろん、問題が発生することが予見でき、さらにそれを防ぐための機器の改善ができる場合には、そうした手立てを講じておくことは必要でしょう。

ここでは、そうした手立ては一応済んでいるという前提に立ちます。各部分におけるそれぞれの不具合の起こる確率を計算します。内部の機構を通って、最終結果に至る部分で、再び不具合が起こる可能性がいくつか考えられたとします。そのそれぞれの可能性についても、確率が算定されます。すると、この二つの確率群は相互に独立に起こる（そうでない場合もあるでしょうが）とすると、可能性の数の積だけの場合があることになりますが、その一つ一つについて、それぞれの確率を掛けた値が算出できることになりましょう。

この点について、『科学技術のリスク』という書物を著したH・W・ルイスが面白い例を挙げていますので、参照してみましょう。彼は、大リーグの投手が完全試合を達成する可能性（リスクというのは変ですが）を次のように考えます。大体大リーグの打者は三割そこそこは打つだろう。だとすれば投手が一人の打者を打ち取る確率は〇・七である。最初の打者から最後の打者まで二七人を連続して打ち取る確率は、〇・七掛ける〇・七掛ける……という具合で、二七回この掛け算をすればよい。この数値は〇・〇〇〇〇六五七程度になる。これは一万五千試合に一回程度になるだろう。一試合に敵・味方二人の投手がこの可能性に挑戦できることを考えれば、この数値は経験的にも妥当である。こんな議論です。

この事例は、ことに紛れがないので、非常に明晰《めいせき》です。もちろん現実のリスクの評価は、こんなにすっきりとはいきません。しかし、基本の考え方は、ここで見たものと同じだとお考えください。多くの場合、問題となるような事故は、時系列の上に並んだ事象の一つ一つが、最終的に事故へと繋がるように経過したときに起こります。そこで、実際にどのように事態が進む可能性があるのか、それを克明に解析することが大切になってきます。

先ほどの野球の完全試合の例で言えば、第一打者の第一球がストライクか、ボールか、打つか、見送るか、からことが始まります。そして第一打者に関して、フライを打ってアウトになる場合、ゴロを打ってアウトになる場合、相手のエラーを誘って一塁に生きる場合、三振する場合、振り逃げでセーフになる場合、四球か安打で一塁に出塁する場合、二塁打、三塁打を打ってその塁上にいる場合、進塁中に次の塁を欲張って憤死した場合、本塁打を打って生還した場合、など実にさまざまな事態が考えられますね。

完全試合の達成には、まずこの第一打者がアウトになるという事態が実現しなければなりません。そうなる確率が〇・七であるわけですね。第二打者についても、同じことが考えられます。それが二七回続くわけです。完全試合でなければ、論理的な可能性としては、犠打を打つ可能性が追加されますし、さらに塁上にいる走者が盗塁をする場合、盗塁死に終わる場合も、考慮に入れる必要がありますね。

実際の試合では、これら千差万別の場合一つ一つの組み合わせのどれかが起こるわけです。第三打者についても同じです。そうすると、第一打者の第一球から始まって、気が遠くなるような多様な出来事の組み合わせが、一つ一つの試合となるわけですね。これまでに、世界中で一体どれだけの野球の試合が行われたでしょうか。そのどれもが、他と同じでない、つまりかけがえない一回限りの連鎖であったことでしょう。だからこそ、観客は球場に足を運ぶのですね。

起こり得ることの時系列上の連鎖

そこで、こうした可能な出来事の時系列上の連鎖を「事象の木」と呼ぶことがあります。実際に起こった事故の分析は、このような「事象の木」(event-tree という英語の翻訳です) のなかで、ある特定の一つ一つが実現したために起こった、という形でことの経過を辿ります。「事象の木」から言えば、他の道筋に移行してもよかったはずなのに、という感じは、事故の事後の分析では必ず付きまとうものですが、事故という最終の出来事を導いた出来事の連鎖は「ミスの木」(英語の fault-tree の訳です) と呼ばれます。ここで「事象の木」のなかのこれ(ミス) が選択されなかったら、こんな事故にはならなかったかもしれないのに、ということを特定していく事故の事後分析は、もし今後同じような事故が起こりかけたときに、事故という最終結果まで辿りつかないように、どこで、どのような手を打てばよいか、ということを示唆してくれる大切な材料になります。事故情報が詳細に集められなければならない理由は、まさにここにあるのです。

話が少し先走りましたね。もとに戻しましょう。リスクの評価というのは、こうした「事象の木」の分岐点の一つ一つについて、理論的な、あるいは経験的な考察に基づいて、リスクの定量化を試みながら、時間の経過とともに、どのようなリスクが発生し、その発生する確率がどのくらいで、損失期待値がどのくらいになるかを、確認しようとする作業だと言ってよいでしょう。

もうお気付きだと思いますが、原子力の話題を扱ったところで、PSAという手法がある、というお話をしました。上に掲げたリスクの評価（リスク・アセスメント）の方法は、まさしくPSAとしてご紹介したものです。そして、こうした方法が、リスクの評価に関しては、現在最も信頼の置けるものと考えられています。もちろん、人間のことですから、「事象の木」を構築するにしても、すべての可能な事象を網羅《もうら》することは不可能でしょう。野球の例は、起こり得る一つ一つの事象については、あまり選択肢は多くないという点で、比較的有利なものです。それでも、最終結果に辿り着く経路は、どの試合一つとってもユニークで、他の試合と同じになることはない、と考えられました。航空機にせよ、原子力発電所の装置にせよ、あるいは自動車の運転にせよ、そこに関与する事象は実に種々雑多で、それだけでも膨大な量になるでしょう。

それをすべて「事象の木」に乗せていくとすれば、いくらそういう作業が得意だというコンピューターを駆使しても、とても解析し切れるものではない、とも言えますね。その意味でこの手法にも限界はあります。ただ、経験は、大事な事象と無視してよい事象とを区別する大切な指南役です。

しかし、もう一つ厄介な点が残っています。それは、こうしたシステムには必ず人間が関与していることです。つまり「人間―機械系」であるということです。先ほどからの解析手法で、「理論的」という側面があることをお話ししましたが、それは基本的には「機械系」における設計上の理論のことです。

例えば、ある歯車の磨耗が、不具合に結びつく可能性があるとすれば、その歯車の耐用時間に関して、材質からくる問題、設計からくる問題、実際の運転状況などなどが、リスク計算の「理論的」な解析に関わってきます。しかし、そこに介在する人間については、こうしたハードな機械系による評価よりは難しくなります。経験はある程度のことを教えてくれます。何時間以上同じ作業を続けていると、注意力が散漫になりミスを犯しやすくなる、といったことです。

「人間不信」を前提とするサイバネティックスの考え方

この点で、私が戦後にサイバネティックスという概念を初めて学んだときに受けたショックを、お話ししておくのも無駄ではないでしょう。私は戦前の生まれですから、「ゼロ戦」など、日本の戦闘機の優秀さを信じて育ちました（爆撃機に関しては、アメリカ軍のB29などによって圧倒的な力の差を実体験していました）。それとともに、『月月火水木金金』という歌に象徴されたように、日本海軍なかんずくその航空隊の訓練の熾烈《しれつ》さも、体験はしませんでしたが、心に刻まれていました。

しかし、「ゼロ戦」や「隼」（陸軍）あるいは戦争末期の「紫電改」など名機と言われる戦闘機がありながら、また搭乗員はそれだけ高い錬度を誇りながら、空戦で結局はグラマン・ヘルキャットを主力とする米軍に後れをとったのは何故なのか、その頃は単に「物量」の差ということで片付けていました。世のなかもそういう見解であったと思います。その意味で、大学の初年度に手にとったN・ウィーナー（一八九四―一九六四　アメリカの数学者、電気工学者）の『サイバネティックス』という書物から受けた衝撃は大きかったのです。

周知のように、サイバネティックスという考え方は、もともとは第二次世界大戦中の、敵機の邀撃《ようげき》システムの開発に端を発しています。未確認の機影をレーダーで捕捉してから、敵・味方の識別、敵機であると決まった後の機種の識別、飛来速度や装備、あるいは反転能力などの推定、高角砲の弾丸の選定と照準、発射、弾着の確認と照準の修正、こうした一連の作業が一つのシステムのなかで行われます。レーダーや高角砲は「機械」です。しかし、レーダー像の視認や、データとの照合、あるいは高角砲の照準などは人間が行います（当時ですから、現在のような「ハイテク」システムではありませんでした)。つまり、この敵機邀撃システムは、明確な人間―機械系です。

ところでサイバネティックスの立ち上げに協力した人々のなかに、何人かの神経生理学者がいました。なるほど、学際的な分野のはしりであったとは言え、当初私は何故神経生理学の研究者が、敵機邀撃システムの開発に必要なのか、判りませんでした。しかし、読み進むにつれて判ったことは、このシステムに関わる人間も、機械系の部品と同じように、その能力や磨耗度などが算定され、全体として最も効率よくシステムが運用される条件を整える、という目的のために、それが利用される、ということでした。文字通り人間もこのシステムのなかでは「部品」なのです。その「部品」の性能を知ることはきわめて重要で、そのためにこそ神経生理学者たちの協力が不可欠だったわけです。

このような人間―機械系のなかの「部品」としての人間にも、当然ながら「良品」と「粗悪品」とがあります。私にとって何より衝撃的だったのは、人間を「部品」として扱う姿勢もさることながら、「良品」と「粗悪品」のどちらを選択するか、というときに、むしろ「粗悪品」を標準に選んでいる、という事実でした。

日本海軍の戦闘機もまた、その意味では人間―機械系です。戦前の日本海軍に、搭乗員が「部品」であるという意識はほとんどなかったと思いますが、しかし、搭乗員に熾烈な訓練を課したという事実は、搭乗員に「良品」を期待した、ということを明確に物語っています。つまり、伝説的になった開戦後しばらくの日本の戦闘機の圧倒的優位は、「良機」と「良品」の人間―機械系であったことと関連しています。いやむしろ、空戦における格闘能力を最重要視し、防御にはあまり意を用いなかった日本の戦闘機は、「良品」の搭乗員を得て、初めて真価を発揮できるものであった、とも言えましょう。

しかし、戦闘機は、所詮は消耗品です。「良品」搭乗員も徐々に失われていきます。そして、錬度の落ちた搭乗員と日本の戦闘機という人間―機械系は、所期の性能を発揮することができずに、段々米軍の戦闘機集団と太刀打ちが難しくなってきたのだと思われます。もちろん、敗戦直前でも、一対一の空戦ならば、松山空(松山海軍航空隊)の「紫電改」は、まず後れをとることはなかったと言われます。

したがって「物量」の差が決定的だったことを否定するつもりはありませんが、しかし最初から「粗悪品」を標準においてシステムの性能を考えるとすれば、「部品」としての人間が消耗して新しい「部品」と入れ替わったときでも、さほど全体の性能の低下を見ずに済むことは明らかでしょう。この「人間不信」のアイディアこそ、人間―機械系のリスク管理には、決定的に重要なものであると私は考えています。

話を評価に戻すと、いわゆる「ヒューマン・エラー」は、思いがけぬときに、思いがけぬ形で起こります。したがって、ＰＳＡの手法も含めて、科学的、合理的に、リスクの評価をするときの大きな困難となります。

「熟練」による「性能の高度化」も、あるいは「粗悪品」としての人間の認定も、どちらもシステムが問題なく運営されていくための、大切な要素なのですが、ヒューマン・エラーは、そうした通常の配慮を超えたところで起こることがあるからです。安全の管理、あるいはリスクの管理にとって、ヒューマン・エラーがどれほどの意味を持つか、理解して戴けたのではないでしょうか。

絶え間ないリスク管理への配慮

すでにリスクの管理という言葉が現れてしまいましたが、これまでにお話ししてきたような、リスクを認知し、それを定量化し、そして評価するという作業の上に成り立つ管理には、どんな点に留意が必要なのでしょうか。当然のことながら、認知され、定量化された事故についてのリスクは、評価に基づいて、起こらないように管理される必要が生じます。

また、それでも起こってしまったときには、その被害、損失ができるだけ小さくなるような次善を求める管理、また事中、事後の管理も必要になります。その形には、法律による規制、慣行による管理、マニュアルによる管理などがありますが、いずれの場合にも、管理という問題設定上、管理者が前提になります。ただ、管理者という言葉が誤解を生んで欲しくないのですが、いわゆる「管理責任」がある、組織の上層部、という意味ではありません。

無論、そういう人々が「管理者」であることは当然ですが、例えば組織内のすべての人間が、管理者なのです。原子力の話題に触れた際に紹介した、国際原子力機関が定めている「安全文化」の担い手は、少なくとも三つに分かれていましたが、行政、形式上の管理者のほかに、すべての個々の従業員もまた、安全文化の担い手である、と明記されていたことを思い出してください。

法規制は、当然のことながら立法府と行政府の責任になります。しかし、リスクの大きさが判っていながら、なかなか本格的な法規制が実行できないような問題もあります。その典型が喫煙でしょう。かつては政府機関であった専売公社（現・日本たばこ産業）の利益、そして財源としての魅力、それに一部の「世論」のために、日本では、法規制が実現しません。東京の区が、一部で、路上喫煙に罰金の規制をかけるところが現れて話題を呼びましたが、結局は各自治体に任されているのが現状です。

世論の方もなかなか規制に踏み切ることを許しません。ある文化人は、「喫煙は歴史的文化である」から、法規制などとんでもないという論陣を張ります。そんなことを言えば、ばくちだって、麻薬だって、売春だって、いや殺人でさえも、確かに歴史的な「文化」の一部です。

これらは法規制で管理されています。もちろんだからと言って、これらの行為がなくなるわけではない。ただ、法規制で人々の健康について、その重大なリスクから守る義務が行政府にはあるはずなのです。

あるいは食品添加物についてのリスクを重大視する人々には、現在の法規制は、そうした管理責任が果たされていない、と映るでしょう。低周波の被害についても、そう感じている人々がいます。タバコの場合も、リスクの認定、定量化、評価、損失期待額の算出など、多くの地道な努力が積み重なって、とにかく、それが社会的にも、個人的（喫煙者個人だけでなく、周囲の人々にとっても）にも、大きなリスクであることが「公認」されるようになりました。リスクの認知という点を多少詳しく述べたのは、こうした点があるからです。いずれにせよ、政治的、社会的な理由から、望ましいリスク管理が（規制的な面で）実現できにくい、ということはままあることになりますね。

法規制に関連して、もう一つの大切な点は、規制を受ける組織体が、それをどのように理解し、解釈し、実行するか、という点です。規制やそれに伴う罰則が厳し過ぎると、組織体は、しばしば抜け道を探したり、報告書や回答書に適当な（規制に合う）データを書き込んで提出したりして、規制の目的であったリスク管理の本質からかえって遠ざかってしまうことが起こります。

一方、ゆる過ぎれば、実効が伴わない場合が生まれます。また、法規制と自主規制とを、どこで振り分けるか、ということも、実際上はかなり重要です。ときには法規制は、行政府の権威のために、あるいは、行政府の「存在証明」のために設けられているような印象さえ与えられることがあります。昨今「規制緩和」が政治の合言葉になっていますが、こうした点に関する自己反省であるならば、それは確かに大切なことだと思います。

ただ章を改めて述べるつもりですが、安全対策を、組織が自発的に維持・増進することは、実際上かなり難しいことが判っています。事故が起こったときには、組織内の誰もが、緊張し、事故原因の究明や、再発防止策の策定、実施にエネルギーを注ぎます。しかし、それが効を奏して、無事故、安全な状態が続くと、安全対策のために注ぐエネルギーも、資金も、あるいは人的資源も、どれも少しずつもったいなく見えてきます。これほどのコストを払わなくても、安全は維持できるのでは、と思い始めます。

その意味で、組織体の外部に、リスク管理の枠組みがあって、いつも自分たちのやっていることを、その枠組みに照らしながら確認する、という形になっていることは、非常に大切なことだと私は考えています。

何度でも言いますが、リスクの軽減、防止、そして安全の実現のためには、「何でもあり」の姿勢で臨むことが肝要なのです。

（注）この事件は、テレビ朝日の報道番組「ニュースステーション」（当時）が一九九九年年二月に民間の環境研究所による実験の結果、埼玉県所沢市産の「野菜」から高濃度のダイオキシンが検出されたと報道したところ、所沢産のホウレンソウなどの販売を取りやめる小売店が続出し野菜の価格が急落したため、この風評被害を受けた同市の農家らが原告となってテレビ朝日を訴えたものです。一、二審とも被告のテレビ朝日側が勝訴したものの、最高裁判決では「放送内容が真実であったとは証明されていない」として、二審判決破棄、高裁差し戻しの、実質原告側農家が勝訴したもので、二〇〇四年六月にテレビ朝日側は農家側に謝罪し、一〇〇〇万円を支払い、和解しました。

第五章　安全の戦略——ヒューマン・エラーに対する安全戦略

ヒューマン・エラーにどのように備えるか

前章ではリスクの認知、定量化、評価、そして管理上の問題点をお話ししました。そこでは、一般に、経験的なデータと、理論の双方を使って、できる限り客観的にリスクを把握し、かつその対策を講じ易くすることを目指していたと考えられます。しかし、そのなかでも常に問題になっていましたように、リスクの認知には、かなり人間の主観的な要素、あるいは個人やグループの主観的な価値観などが影響力を持っていましたし、また、定量化、あるいは評価に当たっては、差し当たりヒューマン・ファクターは除外して算定する、という方法をとってきました。

もちろん、サイバネティックスのところで触れましたように、人間―機械系における人間の性能や能力を、標準化してシステム内のリスクの定量化や評価に組み込むことは、ある程度可能である、と考えられていることもお話ししました。しかしヒューマン・エラーは、評価や定量化を越えたところでも起こります。そのために、どのような安全への戦略が可能か、また、システムの安全を目指すときに、それに関わる人間の意識として、何が必要か、という点に焦点を絞ってお話ししてみたいと思います。原子力や医療、あるいは交通などで個々に触れた問題にも、繰り返して触れることにもなるであろうことを、最初にお断りしておきましょう。

繰り返し述べてきましたように、現代社会における不安の源泉の一つは、人工物です。自然の脅威もさることながら、人間が造り出したものが、さまざまな形で人間を脅かすことになっています。意図的に脅威を生み出すために造られた武器はもちろんですが、人間によかれと思って造ったものが、大きな脅威となることがあります。

それは、そうした人工物つまり広い意味での機械と、人間との接触面が、十分に考慮されていなかったことによるものが多いと言えます。特に、人間がときに犯すミスやエラー、それが、便利な機械を凶器に変えることがしばしばです。

安全戦略としての「フール・プルーフ」と「フェイル・セーフ」

まずは「フール・プルーフ」、「フェイル・セーフ」という安全戦略のイロハです。「人は誰でも間違える」可能性を持っています。使用者、利用者が、間違えることを予想して、戦略を立てなければなりません。これまた最近日本に定着した「製造物責任」という考え方があります。もともと、製造物は、消費者の手に渡った後も、製造者が応分の責任を持つべきである、というのが本来の考え方ですから、これも最近家電製品や一部の自動車などで実施され始めた、不用となったものの買取り責任、あるいは廃棄処理責任など、人工物の「ゆりかごから墓場まで」に、製造者は責任があるというのが、趣旨なのです。

しかし、あの有名な事件で、もっぱら使用上の「愚行」に対して、製造者はどこまで責任があるか、というような問題に、関心が集中してしまったようですね。そう、あの電子レンジ事件です。アメリカで、ある主婦がシャンプーした猫を乾かそうとして、電子レンジに入れた、という話です。その後の新聞報道では、どうやら、これは作り話だったようですが、しかし、この話の「教訓」は強烈でした。最近は、小さな道具を買っても、分厚い説明書がついており、湯沸しやパン焼き器のそれにも、「熱くなりますから火傷に気を付けてください」などと書いてあります。新幹線、東京駅などJRのホームでは「足許にご注意ください」という放送が、三秒おきくらいに繰り返されて、気になりだすと頭がおかしくなるほどですが、こういう類は、むしろ逆効果でさえある、と思います。結局は、誰も読まず、誰も聞かず、誰も気に留めなくなるからです。関係者にしてみれば、何かで問題が起きたときに、でもちゃんと注意はしてあるでしょう、と言い訳ができる、そのためだけに、こうしたことが行われている、と邪推もしたくなるほどです。

もう一つ問題なのは、こうした「愚行」対策が、一部ではありましょうが、マイナスの意味をもっていることです。「フール・プルーフ」とは、猫を電子レンジに入れて乾かそうとするような「愚行」に対して、備えることである、というような理解があることです。医療の項でお話ししましたように、一部の医師は、明らかに、そのような理解をもっていることを示しました。「自分たちはフールではない」だから「フール・プルーフ」などは意味がない、という発言は、そのことを物語っています。そこでも強調しましたが、「フール・プルーフ」とは断じてそういう意味ではありません。どれほど知識があり、どれほど高度な職能訓練を受けた人でも、自分の職能において考えられないような「間違い」をすることがある、という認識こそ、「フール・プルーフ」の本質です。

もう一つ、システムや機械を、あまりに「フール・プルーフ」にすると、利用者は安心して、注意力が散漫になり、かえって事故が起きるのではないか、という問題があります。確かにこれは一面の真理を衝いています。交通に関して述べたところで、「シートベルトを義務付けると、かえって無謀運転が増加するのでは」という議論に触れました。シートベルトに関しては、本当に無謀運転をするような人間はしばしばシートベルトを締めない、というデータさえあって、結局、誰もこの議論の信憑性は認めませんでしたが、工場などでは、システムにときどき異常（軽微な）が起こるように意図的に仕組んで、ラインに張り付く従業員の注意力をかき立てるようにしているところもあるように聞いています。ただ、これも、慣れてしまえば逆効果で、狼少年さながら、真に対処しなければならない異常が起こっていても、ああいつものやつか、と放置される危険もあり、必ずしも推奨できる手段ではないようです。

ここに一般論として大事な論点があるように思います。システムのなかで、「安全」は絶対的な価値として追求されなければならないが、それで「安心」が保証されることは避けなければならない、という点です。ある組織内で、従業員の間に「安心」が広がるときが、最も「危険」だとさえ言える、と私は考えています。安全が達成され、安心が充足されたときに、安全は崩壊し始める。そう私は考えているからです。この問題は構造的なものです。ある組織あるいはシステムのなかの部分組織、あるいはサブシステムにおいても、このことは成り立ちます。それが統合された組織全体、システム全体についてもまた、このことは真だと思います。すると、それをさらに拡大して、例えば国家や公共空間についても、同じことが言えるのでしょうか。私は言えると考えています。

身近な話ですが、今はともかく、かつて日本社会は「安心」できる社会、女性が夜一人で歩いていても、あまり不安を感じることなく生きられる社会と言われていました。そうした日本人が、そうでない社会に旅行したり、移住したりしたときに、色々な不幸な事件が起こりました。そういう意味では、「安心」は人々が求める重要な目標なのですが、「安心」があるから「安心」していられるというわけにはいかない、という奇妙な逆説が存在することに気付いておきたいものです。

「安全」は達成された瞬間から崩壊が始まる

ここでもう一つ大切なことを確認しましょう。安全という概念が大切にしなければならない一つの価値である、ということは誰でも判っています。このことに反対する人はいないでしょう。しかし、この価値を追求する作業を実践する、となると、必ずしもそれが第一義のものとして現れてこない憾《うら》みがあります。それはどこか消極的な価値のように思われるのです。

例えば企業の中枢にいる人に訊いてみますと、どなたも、そりゃあ安全が大事なことは判っていますよ、とおっしゃる。しかし、わが企業は安全をすべての価値に優先させて考える、わが企業の第一目標は安全である、というわけにはいきません、という言葉が付随するのが普通です。もちろん、建設業などで、「安全第一」をスローガンに掲げているところはたくさんありますが、それでも、その裏には売り上げや効率が落ちては元も子もない、という発想が見え隠れしています。

確かに、企業である限り、利益を上げることが最優先課題である、というのは正しいように思われます。それが株主に対する義務でもありましょう。しかし、ことは逆ではないでしょうか。安全が欠けていたら、それこそ元も子もない、ということは、最近のさまざまな企業の安全を巡る不祥事が教えてくれています。ここで言う安全とは、企業活動の結果としての消費者や利用者の安全と、企業内での従業員や施設の安全の双方についてのことです。

実際企業内で起きた火災が、従業員を死に追い込むばかりでなく、周辺の一般の公衆にも多大の損害を与えることもままありますし、原子力関連企業でＪＣＯのように、企業内安全の不徹底が、外部にある程度の放射線被曝をもたらした例もあります。

その上、厄介なことには、上に述べましたように、安全対策を完備すればするほど、安全へのインセンティヴが低下する可能性を否定できないことです。組織体が安全に運営されているときこそ、一層安全への配慮と対策の維持・強化が必要なのですが、安全はともすれば、それにかかっているコスト（何も資金だけを言うのではありません、この言葉で、人的な資源や、それに費やされる能力、努力などすべてを指しておきましょう）を忘れて、まるで空気か水のように、「当たり前」と見なされる傾向があります。

私は「安全が達成された瞬間から、安全の崩壊は始まる」と言うのですが、安全が当たり前のことであればあるほど、なお安全へのインセンティヴを自らのなかにかき立てなければならないのです。これは、言うは易く行うに難いことであります。そのためには、外部からの規制的な刺激（例えば定期的な報告書の提出が義務付けられる、あるいは定期的な外部監査を受ける）なども、万能ではありませんが（それもまたしばしば慣れのなかで、あるいは狎《な》れのなかで、形骸化することは、色々な事例の教えるところです）、一つの方法としてある有効性は持っています。

ホイッスル・ブロウの重要性

外部監査に触れましたので、ここで「内部監査」についても、一言しておきたいと思います。「内部監査」には大まかに言って二つの方法があります。一つは監査を制度化し、定期的に監査員が、チェックリストを用意して、現場を回る方法です。これも、一つの重要な方法です。自主検査と言われているものがこれに当たります。リスクの戦略について述べたときに触れましたが、行政府による法規制と、こうした自主検査との分担は、思慮深く行われる限り、十分に効果を発揮します（その際、部分的な重複はある程度許容すべきだと考えています、隙間ができるよりは、重複の方が害は少ないと思うからです）。

しかし、「内部監査」には、もう一つの方法があります。それは、英語で言う「ホイッスル・ブロウ」（whistle-blowing）です。この英語は、日本の社会習慣に照らして翻訳すれば「内部告発」ということになるのですが、私は、この二つは違うと思っています。「ホイッスル・ブロウ」は、文字通りには、鉄道で障害物を視認したときに、警笛を鳴らすことです。「危険を察知して、警告を発する」ことです。

日本の社会慣行としての「内部告発」は、組織体の内部の醜聞を、外部のマスメディアなどに「タレこむ」行為を指すのが普通です。何故日本ではそういう意味でしか、「内部監査」ができなかったのでしょうか。それには企業体自体の姿勢が問題であったと私は考えています。

例えば現在でも、私が組織体の「ホイッスル・ブロウ」制度の大切さを力説すると、企業の上層部の方は露骨に嫌な顔をなさいます。組織体の内部の人間が、内部にいるがゆえに知り得た情報を、外部のメディアに流すことは、確かに歓迎すべきことではありません。場合によっては、従業員の守秘義務に違反することもあり得ます。しかし、では企業も含めて、日本の組織体は、内部の人間が、内部で問題の存在を指摘したときに、どれだけ真摯《しんし》にそれを受け入れ、吟味し、適切な処置を講じる、という制度を整え、また制度ばかりでなく、それを誠実に実行してきたでしょうか。多くの場合「問題の指摘者」は異端者として疎外され、机を失い、結局は退職せざるを得なくなる、というようなケースが多かったのではありませんか。

もちろん、そうした「指摘者」のなかには、上司に対する私怨や、同僚・部下に対する嫉妬などだけから、あらぬことを訴える事例もなくはないでしょう。なくはない、どころではない、そんな例ばっかりだ、とおっしゃる方もありそうです。しかし、問題の所在を訴える真面目な訴えも、そうしたくずのなかに埋もれさせてきたのが、これまでの日本社会の大方の姿であったとすれば、これは是非改めなければならないのではないか、そう思うのです。

東京電力の検査結果の改竄《かいざん》を中心とした一連の不祥事と言われるものは、原子力関係の産業のなかで、初めて制度化された「ホイッスル・ブロウ」制度を利用した最初の事例として、世に現れました。この場合は企業体内部に設けられた制度ではなく、行政府の一角に整備された

「申告制度」を利用したものでした。

しかし、企業体の内部に、目に見える形で、そうした制度が存在し、また存在するだけでなく、実際に十分な結果を伴って運用されていたとしたら、その「ホイッスル・ブロワー（申告者）」は、まずは、そうした組織内制度を利用したかもしれないのです。

もともと、日本の企業は、アメリカで生まれて、日本に持ち込まれたQCサークル活動という方法に、魂を入れた、と言われています。品質管理に当たって、現場の人々の安全や効率に関する意見や提案、注意や批判を、十分に採択し、それを企業活動の改善に役立てる、という方法が、日本で見事に花開いたのです。ここで言う「内部監査」、つまり「ホイッスル・ブロウ」は、そうしたQCサークル活動の一環として捉えても不思議のないものです。

それが、どうして日本では、「内部告発」という陰惨な色彩を帯びてしまうのでしょうか。そこを考えれば、企業体は、この意味での「内部監査」を十分に活用する方法を考えないのは、不思議な感じです。最近は、そうした「ホイッスル・ブロワー」に対して、その人権を保証するために、どのような法規制が必要か、ということも、法案の提出にも繋がる形で議論されるようになってきましたので、事態は少しずつ変わることが期待されます。

ここで言いたかったことは、こうした「ホイッスル・ブロワー」もまた、組織体が安全を不断に追求するための内部の駆動力として、十分に認め、活用すべきである、ということになりますね。

ヒューマン・エラーが起こるときの条件

もう一つ、ヒューマン・エラーが起こるときの一般的な背景について、触れておくことも無駄ではないでしょう。エラーが起こったときの条件の一つが、「忙しい」ということであるのは、当たり前のように見えますが、気に留めておいてよいことのように思います。

聖徳太子は、何人もの人々の訴えを同時に聞いた、ということですが、一般の人間にとって、それは絶対に無理です。これは歳をとってからの実感ですが、家庭内のありふれたことでも、あれとこれとをしなければならない、と思って、あれをやると、これを忘れる、し損なう、ということがしばしば起こります。確かにそれは「歳のせい」であるには違いありませんが、しかし、それは人間一般の弊でもあるのです。

ある安全対策に熱心な医療機関が、患者にも協力を、ということで、患者に対して、心がけてくれるように、箇条書きにしたお願いを配っています。そのなかで、「医師や看護師が忙しくしているときには、話しかけるのをご遠慮願います」という項目があります。もちろん、これだけではなく、逆に、「どんなことでも、主治医や、その上司の責任者があなたのお話を聞くようにします」という趣旨の項目もあってのことですが、この項目は、組織内で起こる事故あるいは未発の事故が、まさにそうした状況のなかで起こりやすい、ということを熟知した上での、切実な要請なのです。

例えば、何人かの点滴薬を準備している看護師がいるとします。細心の注意を払って、Aさん、Bさん、Cさんと薬を配合している最中に、ナース・コールが鳴って、自分しか駆けつける人がいないとします。このとき、看護師は、心を鬼にしてでも、自分の今の仕事、つまり点滴薬を調合する仕事を終えるべきなのです。戻ってきてから続ける、と言っても、何をどこまで済ませたか、はっきりしなくなる、というのは当たり前だからです。ベルの音に気をとられただけで、調剤を間違ってしまうことさえあります。話しかけられれば、生身の人間ですから、集中力が話しかけた人に逸れざるを得ないわけです。運転中のバスの運転手に話しかけることは、多くの人が遠慮しています。それはまさしく自分の身をも守ることになる正しい配慮なのです。

このことに関連して、システムのなかで、人間がとり得る行動の選択肢を、できるだけ簡素化することが必要です。選択肢が沢山あると、判断に時間がかかりますし、いくつものことを同時に考えなければならなくなるからです。判断している時間の間にも、さらに次の問題が起こると、ほとんどパニックになることさえあります。

本当にパニックになると、事情はさらに悪くなります。原子力発電に関してお話しした実例のなかで、スリーマイル島の事件は、まさしくその典型とも言えるものでした。いくつものアラームが鳴る。どれから処理すればよいのか、普段なら、一つ一つ冷静に考えて、一連の手段を講じることができるように訓練されていたとしても、そういう状況のなかで、いくつもの採るべき手続きのどれが最も優先されるべきか、何は後回しにしても大過ないか、そうした判断ができなくなります。

人間はいくつものことを同時に判断し実行することはできません。航空機の離着陸時が「魔の時間」と呼ばれるのも、この時間に、操縦士は多くのことを同時に行わなければならないからでしょう。こういう状況のなかでは何を優先的になすべきか、いつも、当事者はそのことを頭に置いて、しかじかの場合にはこれ、しかじかの状況ではあれ、というように、シミュレーションで判断の優先度を確かめておく必要があります。

こうした判断は、緊急時には本当に重要な意味を持ちます。船の事故で、日本海の海岸に、油が漂着する、という事件がありました。多くのヴォランティアの活躍で、甚大な被害は免れたのですが、実は、この件の裏には、一人の自治体の係官の判断が、決定的な役割を果たしました。そのとき、ガソリン・スタンドなどにいち早く電話して、ドラム缶を大量に確保したのが、その係官でした。結局は、漂着した油は人海戦術で、人間の手で集めて回収するほかはない、そのためには、まず人手を集めるよりも、ドラム缶を集めておかなければ、人手が集まってきてもどうにもならない。この決断が、危機を救った、と言います。このとき、その係官は、（ドラム缶集めが）無駄に終わったら自分で責任をとるしかないな、と思ったそうですが、緊急時に、何が最も重要か、という判断ほど、決定的なものはないと思わせる話です。

結局、人間は、一度にいくつものことはできない。とすれば、ある状況のなかで、何を最優先するか。この判断こそが、リスク回避、安全確保のための、ヒューマン・ファクターとして最も大切なことになると思われます。また、そのためには、日ごろシミュレーションによって、二つ以上のアラームが鳴ったとき、どのように判断し、行動するか、という訓練を重ねておくことは非常に大切だと思います。

アフォーダンスに合っていること

人間は、こうしてリスク回避のために、重要な働きをしてくれる存在でもあります。しかし、どの場面でも、そうした立派な決断をしてくれる人がいるとは限らない。だから、そうした立派な判断、優れた決断をしてくれる人に恵まれなくても、それどころか、場合によっては愚かな決断、誤った判断をしてしまう人間しかいなかったとしても、なお、システム全体を安全に運んでいくために、具体的に何が必要か。つまり「フール・プルーフ」の具体的な戦略を、少し考えてみることにしましょう。

第一に言えることは、システム全体を、いつでも目に見える形で捉えられるような工夫をしておく、ということが挙げられます。いわゆるパネルがそれに当たります。多くの場合、こうしたシステムを示すパネルは、中央制御室にのみ備えられていますが、保安上の問題さえなければ、実は、各部局の現場にも、それが設営されているのが望ましいと思います。

　システムのどこかで不具合や異常が生じた、というとき、各現場で、どこに、どのような異常が生じているのか、自分の現場との関係はどうなっているのか、それが直接に把握できることは大切です。また、システムのどこをどのようにすれば、それがどのような結果を惹き起こすか、それも、パネル表示が適切なら、一目瞭然になりましょう。保安上の理由で、各現場にパネル表示を置くことが難しくとも、少なくとも各現場の責任者は、いつでもパネルにアクセスできるようになっていることは、絶対に必要です。

　第二には、操作パネルや、作業手順などに、十分に「人間工学的」な考慮がなされていることが重要です。これは、折に触れて話してきました日本のＱＣサークル活動が目覚しい成果を上げた領域ですが、複雑な作業工程をできるだけ簡素化し、判り易いものにする、視認が必要な作業には、視界や照明、あるいは輝度などに十分配慮がされていること、疲労を少なくするための工夫が行き届いていること、などは、ごく当たり前のことです。また、人間工学で言うナチュラル・マッピングなども重要な工夫の一つです。ナチュラル・マッピングについてはすでに一度触れましたが、操作パネル上でのスイッチの配置などが、人間が「自然な」と感じるような形になっていることを言います。

これも私事ですが、先日自宅の台所のカランが壊れたため、新しいものと取り替えました。普通の、ノブを廻して開閉するものではなくて、把手《とって》を上げ下げして、カランの開閉をするものになりました。一部の身体障害者には、こうした把手式の方が便利なのでしょうが、そのカランは、把手を上げると水が出て、下げると水が止まるのです。もう取り替えて一年近く経ちますが、今でもときどき間違えます。特に「忙しい」とき、例えば、隣のガス台で、いためものが調理中で、もう一つの火口では、煮物が吹き零れかけていて、などというときに間違えるのは、先にお話しした原則にもよく合致しています。

まあカランですと、せいぜい、止めたつもりの水が、気が付くまでは全開になったまま、という程度で済みますが。実は似たようなカランが別の流しにあって、そちらは把手を下げると開いて、上げると閉じるという方式になっていることも、私の困惑の原因になっているようです。何故両方あるのかも、よく判りませんが、とにかく、上げると開いて、下げると閉じる、というのは、少なくとも私の「自然な」感覚には逆らうものです。地震のとき、上から物が落ちてきて、把手を叩いて水が出しっぱなしになることを防ぐことを目指したデザインなのかもしれませんが、いささか不便をかこっています。

こういう場面は、これも心理学の世界でこのところ話題になっている「アフォーダンス」という概念とも絡んできます。「アフォーダンス」というのは、人間に限らず、生物が、自分以外の何ものかと出合ったときに、それをどのように感じるか、という場面で生じる一つの特性です。例えば、サルを、把手が前面に出ているパネルの前に座らせると、直ぐにその把手を触って押してみます。「これは、押すために特に用意された〝把手〟というものである」というような認識行為が成立する前に、把手とサルとの間に生み出されるある種の関係が、「自然に」サルをして、把手に触り、押すように仕向ける、とでも言えばよいでしょうか。

人間以外の動物が、道具を使う例は沢山あります。ある種の小鳥は、細い爪楊枝様の小枝を咥《くわ》えて、樹木の皮の下に差し込んで、潜んでいる虫を追い出します。手の届かないところにバナナを吊るした部屋に、サルを閉じ込め、机、椅子、棒などを乱雑に置いておきますと、やがてサルは、机の上に椅子を乗せ、その上に登って、棒でバナナを叩き落す、などということをやってのけます。

こうした振る舞いを、かつては、動物の意図的な行為というよりは、「場」の働きなのだ、という解釈が一般的でした。それをもう少し進めて、「アフォーダンス」という言葉で説明しようと言うのでしょう。しかも、それは、動物だけでなく、人間にも十分適用できる考え方だ、と言うのです。如何にも握ってみたくなるように造られた把手、如何にも押してみたくなるようにできているスイッチ、これが行き過ぎると、非常用スイッチを押してみたくてたまらないような人が出てきてしまうのも困りものですが、逆に、所期の操作を撥《は》ね付けるように造られた道具や装置を見ると、この設計者は何を考えているのだろう、と思ったりします。

ドアに「押す」、「引く」という表示がありますね。しかし、あれも、十分に「押しやすい」（つまり誰がそこに立っても、引っ張るとは考え難い）ノブ、十分に「引っ張りやすい」（誰がそこに立っても、押すとは思い難いような）ハンドルが開発できれば、あの無粋な表示など要らなくなるのではないか、と私は常々考えていますが、どうなのでしょうか。

もちろんそうした配慮は誤操作を防止・排除する、ということにも役立ちます。今の「押す」、「引く」でもそうなのですが、実現されていないので、判りやすい例である電話について考えてみます。電話の（念のためにお断りすれば、普通の電話の話です）受話器は、コードのついている側に送話器が、反対側に受話器が配置されています。誰でもコードが上に来れば、その処理が面倒ですから、コードのついた側を下に持つでしょう。

ところで、人間の顔の配置としては耳が上で口は下です。だからこれが逆に設計されていたら、その受話器はひどく馴染みのないもの、取り扱いにくいものになるでしょう。これは送話器と受話器の配置を、ナチュラル・マッピングに合わせたとも言えるし、アフォーダンスを考慮したとも言える例ですね。やはり、道具や装置の基本は、アフォーダンスを考慮してあることが必要なのではないでしょうか。

回復可能性

もう一つの戦略は、誤操作を回復不能な操作にしないように、冗長度を高める、ということです。これは多重防護システムとは少し違います。しまったと思っても、もう遅かった、というかたちにしないような工夫を凝らすことです。私たちが使っているパーソナル・コンピューターでは、不用になったファイルはゴミ箱に捨てますね。しかし、誰もが知っているように、ゴミ箱を開けば、捨てたファイルはそこにちゃんと残っています。もう一度それを「回復」することが可能になっています。本当に捨て去るためには、ゴミ箱を空にする、という操作がもう一度必要になります。しかも、その操作ボタンをクリックしても、なお「ゴミ箱のなかのすべてのファイルを捨てますが、それでよいですね」という意味の注意が必ず出て、それを読んだ上で「はい」を押して初めて完全に捨てられることになります。随分無駄な（冗長な）仕組みのようですが、大事な配慮です。

これは、目に見える形ではありませんが、不用意に電源を切ってしまった、あるいは突然停電になった、というようなときにも、そのとき行っていた作業内容が、消失しないように色々と工夫が施されています。このように、エラーに対して、「回復可能」であるような冗長性を用意することは、安全の確保に随分役に立ちます。もちろん、世のなかには、しまった、と思ったときには、もう取り返しがつかぬことは山ほどありますが、何とか取り返しがつくところでは、取り返しがつくようにしておこう、というのが、この観点での工夫なのです。

複合管理システム

次の戦略は、複合管理という方法です。これもある意味では冗長性の増大を意味するものですが。例えば、医療機関で医薬品の管理をするときを考えてみてください。劇薬は、鍵のかかる保存庫に収納され、鍵は責任のある人だけに渡され、かつ、取り出すときには記録簿に、日付（時間）、担当者氏名、取り出した量、残量などが記録される建前になっているはずです。こうした個別管理は、確かに間違いを防ぎ、起こった間違いを追跡するのに、役に立ちます。

しかし、実際には、こうした建前は、厳密には実行されていません。そうしたとき、医薬品（今の場合は劇薬）の錠剤やカプセルの一つ一つに、バーコードが付いていて、瓶から取り出すときに自動的にスキャニングされるようになっていたらどうでしょうか。

この場合も、そうしたシステムがあると、手を使って記入する方法が、おろそかになるおそれはありますが、如何にも二重の手間をかけているようですが、こうした冗長性は先にも述べましたが、安全の戦略としては、きわめて重要なことなのです。

もちろん実は矛盾するようですが、一元管理も重要なことなのです。例えば指揮系統が複雑になっていたのでは、パニックのときなど、困ります。しかしまた、一元化された管理システムのあるところが切断されると、全体が麻痺《まひ》することにも繋がります。したがって、複合管理と一元管理は、目的とシステムの特性、また働く人間の特性などを勘案しながら、上手に使い分ける必要が生まれます。

簡潔・明瞭な表示法

次の戦略は、目に見える表示を、間違いを減らすために、簡潔かつ明瞭にすることです。医療のところでも述べましたが、医薬品の調剤で起こるミスの一つは、包装や名前が紛らわしいものが多くある、ということに由来します。一字違いで全く別のものになってしまうような命名は、明らかに改定すべきですし、ある医薬品メーカーは、自分の会社のイメージ色を定めて、すべての包装を同じ色で統一するという愚挙を犯したこともあります。

日本の家電製品、とくにオーディオ製品などは、デザイン上の要請からか、表示が英語になっていたり、さらには、とてつもない小さな文字で書いてあったりして、誤操作を誘い出しているようなものですし、実用上も不便この上ない。私などのように老眼が進むと、わざわざルーペと懐中電灯を使って、初めて正しいスイッチやボタンが判る、といった有様です。

工場などの内部の表示は、こんな馬鹿げたことは少ないと思いますが、それでも改善の余地のあることが結構見つかります。医療現場に問題が多いのは、医薬品表示だけではありません。病院内での患者の誘導路表示、患者の呼び出し表示など、患者との接触面での問題、ガス供給ラインなどの色表示、あるいは点滴袋などの表示など、改善すべき点は数多くあります。

ついでにここでお話ししてしまいますが、パーソナル・コンピューターのキーボードもまた、随分使い勝手の悪いものが多いですね。ブック型のように、小型化が至上命令である場合はともかく、卓上型のキーボードでも、押し違えが頻出するような造りになっているものがかなりあります。僅かな工夫で、ほとんど押し違えの出ないキーボードもあるのですから、メーカーの勉強不足だと思います。

コミュニケーションの円滑化

戦略として大切なもう一つの点は、システムあるいは組織内のコミュニケーションを十分円滑にすることです。この点は先に述べた「ホイッスル・ブロウ」も含めて、垂直方向にも、また水平方向にも、常に情報の流れが円滑、かつ自由でなければならないでしょう。

先に、中央制御室だけに、システム全体を示すパネルがあるのでは不足でないか、という点をお話ししましたが、それは実は、このコミュニケーションの問題でもあると考えられます。

また、すでに触れましたように、組織内で、自発的に安全の維持、向上を常に目指し続けることは、かなり難しいことですが、管理層が、折に触れ、ことあるごとに、問題意識を「上意下達」できるようにしておくことも有効です。無論、川下情報が自由に川上に運ばれるように、太いチャネルを整備しておくことも大切でしょう。

褒賞と制裁

もう一つ大事なのは、信賞必罰と言うと、いささか古臭いですが、安全の維持・向上に優れた貢献があったときは、関係者（当事者だけでなく、そのライン全体）に必ずリウォード（褒《ほう》美《び》・謝礼）を与えること、また、逆に、それを損なう行為があったときには何らかの制裁が必要になります。この場合、大切なのは、ミスの当事者を槍玉に挙げて制裁することは、色々な点で得策ではないということです。

とくに、繰り返し述べてきましたが、事故やミスに関して、起こったこととの経過（「ミスの木」）を正確に把握することこそが、将来のミスの防止に最も有効なのですから、事故についての証言を求めるときには、組織内免責を前提にするのが得策です。したがって、制裁はやはり当事者の含まれるラインに、何らかの負荷をかける、という方法が薦められるのではないでしょうか。

失敗に学ぶことの重要性

最後に、これまで、色々な現場を考えたときに、常に問題にしてきた「失敗に学ぶ」という問題を、あらためて考えておきたいと思います。最近は畑村洋太郎氏を中心にして「失敗学」という考え方も少しずつ普及し始めて、学会もできているようです。畑村氏の著作『失敗学のすすめ』、『失敗学の法則』などもあります。

また工学者、あるいは技術者の方々が、率直に設計の失敗事例などを公表されるような事態も生まれてきています。あるいはチャレンジャー号の悲劇的な事故の綿密な解析や、橋梁の崩落事故を綿密に後追いした研究（『橋はなぜ落ちたのか』）など、数多くの文献類も刊行されています。

交通や医療を扱ったときにも力説したのですが、特に「ヒューマン・エラー」は、おもいもかけぬときに、おもいもかけぬ形で起こります。この「おもいもかけぬ」というところが重要です。予想ができるエラーに対しては、多くの場合、何らかの形で対応ができているものです。逆に、もしも予想できるエラーやミスに、予めきちんと対応していなかったとすれば、それは明白に設計者や製造者、あるいは管理者の責任として追及されなければならなくなります。しかし、「予想もできなかった」、「おもいもかけぬ」事故については、それがヒューマン・エラーに起因するものであればなおさら、どうしてそのようなことが起こってしまったのか、という点についての、細密なデータが必要になります。

だからこそ、免責を条件にしてでも、起こったことについての正直で率直な証言が必要になるのです。したがって、組織体は、そうした証言を得るために、組織内に自発的なエラー、事故、未発の事故についての申告制度を設ける必要があります。ここで申告された証言に関しては、情報開示請求に対しても、一定の条件の下で、拒否ができるというほどの保護が必要になるでしょう。少なくとも自発的に申し出られた証言に関しては、制裁は免除すべきであると私は考えています。なおこうした申告制度については、組織内、あるいは行政的な強制制度も、業界の種類によっては必要であることは当然でしょう。

また、航空機事故と同じように、第三者機関が、純粋に将来の事故防止に役立つという目的だけのために、事故情報を集めるときには、刑事上、あるいは民事上の責任論とは、はっきりと一線を画すべきであります。

その点で、最も明確な規定があるのは、やはり航空・鉄道事故調査委員会に関する取り決めです(第一章参照)。この場合は、もちろん自己申告ではありませんが、この委員会が独自に聞き取り調査をした事柄の内容は、捜査当局といえども、特別の条件を満たしている場合以外は、利用できないと定められています。仮に、将来の事故防止のために採用された新しい対策が公表される結果、そうした情報が基になっていることが公知となった場合でも、それを裁判に利用することは慎まなければなりますまい。当然「伝聞」による証拠としかならないはずだからです。それくらい、事故防止のためには、事故に関する正確で正直な情報は大切なのです。

交通のところで、北海道のある道路のカーヴについてお話ししました。カーヴを曲がりきれずに自動車が横転した、という事故が起きたとき、誰しもまず頭に思い浮かべるのは、ああ無謀運転だ、運転者のエラーだ、ということではないでしょうか。たしかに、そういう観点からすれば、横転しないだけ速度を落としていなかった運転者の「エラー」である、と言えなくもありませんね。

当初の警察の判断もこれに近いものであったことが想像できます。特に以前にもお話ししましたように、警察の事故調査は、ともすれば、そうした観点（運転者が法律を犯すような無謀な運転をしたか、あるいは運転者が不注意であったか）から行われがちであることも否定できません。しかし、そうした観点からのみ問題のカーヴで起きた事故を見ていたとしたら、道路の改善には繋がらなかったでしょう。つまりヒューマン・エラーといえども、当該のシステム全体との関連で常に新しく見直されなければならないのです。事故についてのデータ収集がどれほど大切か、ポイントはそこにあります。

もとより、データは集められただけでは何の意味もありません。そのデータを使って、今までは予想もできなかった状況に対しても、それだけの「備え」を講じなければならなくなるわけですから、そのために徹底的な分析が必要になりますし、その上で、システムなり製品なりへの改善の手が打たれなければなりませんね。つまり、私たちは、そうして新しいデータが蓄積されればされるほど、対応しなければならない事態が増え、かつ責任が増大することになります。

「知らぬが仏」とはよく言ったもので、「知らなかった」ことには、責任は生じないからです。ここにも、より安全なシステムの追求を目指すときの、潜在的な障壁があります。「知る」こと、よりよく研究することが、自らの責任の増大へと繋がるわけですから。血友病患者のHIV感染症罹患に関して、非加熱血液製剤の「危険」が何時どのような形で「知られた」か、という点が、ことに関与した医師たちの責任と絡んで問題になりました。もちろん、この事例では、「知って」いたとしてもなお、生命の危険の前には非加熱血液製剤の使用はより小さな危険と判断されれば、その段階では使用を続けるという選択肢もあり得たでしょうから、ことは、より複雑になりますが。

しかし、いずれにせよ一般論として言えば、公共の利益のためには、事故・未発の事故を問わず、とりわけヒューマン・エラーに関しては、ことの仔細をデータに積んで、そうした事態の再現に備えるということが、決定的に重要であり、すべての当事者にとっての、絶対的な責任であることだけは、どれだけ強調してもし過ぎることはない、と私は信じています。

結び

「安全学」の育成と定着の急務

安全学という学問が成り立つのかどうか、提唱した人間の一人として、責任は感じるのですが、今でも定かではありません。世のなかでは、安全学という言葉を使う方々も増えてきましたが、大学で、そうしたコースができ、教授職が置かれ、大学院まで整備されて、後進の人材を社会に送り出す、というようには、当分ならないだろうと思っています。私自身、「安全学」の専門家であるとは思っていません。一種やむにやまれぬ動機から、無謀にも、こうした論をなす立場に自分を追い込んだ感があります。

しかし、世間の意識は、私が『安全学』を刊行してからここ五年の間にすっかり変わったことは確かです。文部科学省には「安全・安心な社会の構築に資する科学技術政策に関する懇談会」（相変わらずお役所的な名前付けですね）ができて、二〇〇四年四月には、とりあえずの報告書も発表されています。その報告書の内容を見ると、安全を脅かす要因として、犯罪、事故、自然災害、戦争、サイバー空間の問題、健康問題、食品問題、社会生活上の問題、経済問題、政治・行政の問題、環境・エネルギーの問題という一一の大分類の下に、実にさまざまな項目が並んでいます。いちいちもっともですが、それだけ問題が幅広くなりますと、とても「一人」の人間が扱える範囲ではありません。

しかし、一方では、それぞれの領域でも、安全の問題を専門的に扱うことのできる人材の養成が急務であることも、明らかな事実です。例えば医療では、個々の医療機関が、安全対策室というような部署を設けて、統括的に安全問題を扱うように、という必要が叫ばれております(私自身もそれを力説してきた一人です)が、いざそうした機能をもったものを組織内に造るとなると、なかなか引き受け手が見つかりません。専門家がいないからです。たまたま日ごろそうした意識を持ち、安全の向上に動機付けられた個人が名乗り出るか、さもなければ、適任者がいないのだから、各部署の責任者か副責任者が、持ち回りで引き受ける、というのが、現在の実態であるように見えます。

ちなみに申し上げますが、医療機関だけでなく、あらゆる組織、企業、行政府(とくに地方の)、学校などが、そうした「安全対策室」を設けることが、重要であると私は考えています。最近は、いくつかの地方自治体が、「防災監」、あるいは「安全監」というような職種を設けて、安全問題の統括を委ねる例が見られるようになりました。「監」職の下にどのような制度が造られているか、それはまちまちのようですが、ある程度の制度化は不可欠ではないか、と私は思います。

それは、「保安室」や「守衛」業務などを越えて、常に総括的な組織内、組織外の「安全」問題に関して、情報の収集、分析、対策の立案、実施、広報などの業務を行い、組織内の安全文化を賦活し続ける役割を担うべきだと思っています。

さきほどの医療の「安全対策室」の場合でもそうですが、しかしそうなると、どうしても、安全の問題について、包括的な知識を持ち、それなりの訓練を受けた人材が、必要になってきます。しかも、それぞれの現場についても、それなりの知識を持っていることも要請されましょう。したがって、それぞれの専門を学んだ方々が、安全学講座のカリキュラムを一年ないし二年間学ぶ、というような制度があれば、それだけでも随分事態は変わるのでは、と考えたりしていますが、いかがでしょうか。

最近では、法科系大学院などのように、実務に関わる修士課程のみの大学院制度が整いつつあります。安全学もまた、そうした制度の一つとして整備されては、という提案をここでしておきたいと思うのです。

「安全学」のカリキュラム

では、そのカリキュラムはどんな構成になるべきなのでしょう。それはとりもなおさず、現時点での「安全学」の概要でもあることになりますが。

当然のことながら、そこでは、理学、工学、社会学（ここでは通常の言葉遣いでの「社会科学」という広い意味でこの言葉を使うことにします）、心理学、そして哲学など、既成の学問の協力が不可欠になります。その意味では、文字通り「学際」的な性格を備えているのが安全学です。

理学に含まれるかどうか、微妙なところですが、数学、統計学の基礎は不可欠でしょう。工学では、設計学をはじめとして、人間工学、安全工学などが必須となります。社会学では、経営学、品質管理などが必須の上に、もしテロリズムや戦争までパースペクティヴに入れるとすれば、政治学、国際関係論、法学、平和学、歴史学などの一部も大切になります。心理学には、かなり広範に協力を求めなければなりますまい。文化多元論、コミュニケーション論も重要な要素の一つですね。哲学では、人間の心についての洞察を誘うような観点からの協力が必要でしょう。もう一つ、応用倫理学のような領域も、実は欠かせない要素の一つではあります。

こうした原理的なコースのほかに、決定的に重要なのは、事例研究であり、事例分析です。さまざまな領域での事故、エラーなどについて、すでに蓄積されている過去の財産から学ぶべきことは山ほどあります。適切に編纂《へんさん》されたそうした事例のデータをもとに、自ら問題の所在を見つけたり、あるいは可能な改善策を考案したりする作業は、こうした立場に立つべき人にとって、文字通りどうしても欠かせないものであります。その訓練こそ、安全学の真髄を構成するものとなるはずです。

こんなカリキュラムが用意された「安全学研究科修士課程」ができること（この課程には、学部レヴェルでの学科制度は必要がないと思っています）は、安全学という「専門的」な学問が成立可能か、という問題とは別個に、考慮してよいと確信しております。手前味噌のようになりますが、現在私が勤務している大学で、二〇〇三年度から一つのプロジェクトが進行しています。そのことに少し触れさせて戴きましょう。

文部科学省が、二〇〇二年度から始めた新しい研究支援プログラムに「二一世紀COEプログラム」と呼ばれるものがあります。COEというのはCenter of Excellenceという英語の略語です。日本語では「教育・研究拠点」と訳しているようですが、このプログラムは、大学の個々の研究上の特色を伸ばすために、資金的な援助を提供するもので、私の勤務先からは「平和・安全・共生」というテーマの下で、応募して採用されたものです。本書での私の話の基礎にも、そうした研究プロジェクトの成果が含まれているのですが、私はそうしたプロジェクトの一つの結果として、世界にも類例を見ない、安全学研究科修士課程ができれば、というような夢を持っています（実は本書を書いている間に、横浜国立大学に安心・安全の科学研究教育センターが開設されました)。

リスク評価と予防原理

さて話を戻しましょう。本書の結びとして、お話ししておきたいもう一つのポイントは、リスク評価における科学的合理性と、一般の生活者の間に生まれる不安との間の乖離《かいり》を、どのように調停するか、という問題です。とりわけ、環境問題のように、科学的・合理的なリスク評価をするにも、経験的データも、理論的根拠も必ずしも十分ではない、というような場合には、なおさら、この問題は深刻になります。科学的合理性の方の説得力が弱くなるからでもあります。例えば、温暖化の問題ですが、気象学者のなかには、科学的な立場から見れば、少なくとも軽率には肯定できない、と考えている人々がいます。実際、地球の長い歴史のなかでは、現在の地球はむしろ寒冷化の方向に向かっている、ということにもなりましょう。しかし、だから、温暖化が間違いであるという確たる証拠があるわけでもない、というのが、純粋に科学のなかでの問題に関する判断ではないでしょうか。

このようにリスクの評価に関して、科学的合理性が十分でない場合、それでも現代において何らかの意志決定を迫られる、という場合があります。まさに環境問題はその典型なのです。先にも述べましたが、こうした場合に、考慮しなければならないのが、「世代間倫理」であります。もし私たちが今の状態に何も手を打たなかったら、そしてもし最悪のシナリオが実現してしまったら、私たちの見ることとのない百年後の子孫たちが、膨大な危険を負わされる、というリスクがあり、私たちには、何かをする責任があるのではないか。それが世代間倫理の言うところであります。そして、こうした場面で働くのが、「予防原理」と呼ばれるものです。この概念は英語の precautionary principle の翻訳ですが、「私たちのしていること、あるいは、しないでいることが、将来の世代に大きなリスクを負わせる可能性があるならば、そのリスクを防止する責任を私たちが負っている」というように考えることが、それに当たります。それは厳密な科学的因果関係が立証されない場合に、特に重要な配慮になります。

またこうした場面も含めて、科学的合理性に対して「社会的合理性」という概念が浮上してくることがあります。社会的合理性のなかには、政治的、経済的、あるいは倫理的な配慮が含まれると考えられます。別の言い方をすれば、「公共の利益」をどのように評価するか、という問題が絡むわけです。

例えば、今お話しした、「予防原理」は、一種の新しい倫理上の原則とも受け取れますが、温暖化対策を実行する、という判断や意志決定の背後には、こうした新しい倫理を組み込んだ「社会的合理性」の主張があると考えられます。あるいはまた、現在日本社会で喫煙が厳しく規制されないという現象の背後には、喫煙の持つリスクの科学的合理性を超えて、国家財源としてのタバコという政治的合理性が働いていると考えることができます。

いずれにせよ、社会における意志決定において、科学的合理性だけが、材料になるわけではない、という事実は、善悪を抜きに、認めておかなければならないことだと思います。

したがって、このような規制に関して、科学的合理性と社会的合理性とをどのように取り扱うか、という問題を論じようとする「規制科学」(regulatory science)というような分野が、今顕在化しつつあることを申し添えておきましょう。

参加型技術評価(PTA)の方法

リスク評価と意志決定の話になりましたので、どうしても触れておきたい話題をお話しして、本書の締め括りにしたいと思います。

これまでの社会の意志決定は、基本的には専門家の独裁という形で進められてきたと言ってよいでしょう。例えば、食品の安全を巡って、ある添加物の含有量の規制値を定める、というような場合、マウスにその物質を投与して、消化、吸収、代謝、排泄といった過程のなかで、どのようなリスクがあり得るかを調査し、問題となるような負の効果が生じる投与量を突き止め、その上で、安全係数をかけて、人間の体重当たりの摂取許容量を定める、というような手法がとられてきました。当然こうした実験、調査、研究に携わるのは、その分野の専門家であり、専門家の判断が、そのまま行政の判断にも通じる、という形式が普通でした。

すでに繰り返しお話ししたように、現代社会は不安の時代ですが、一般の生活者が感じる不安のなかの大きな要素の一つに、自分たちとは無縁のところで、社会のさまざまな意志決定が行われている、という点があるように思われます。それはまた、専門家が専門家の視点で（のみ）問題を見ているのに対して、生活者は、自分たちの感性と自分たちの理性とで問題を見ていて、そこにかなり大きな距離が生じることがしばしばである、ということにもなります。

こうした問題を克服するための方策が、主としてヨーロッパから、色々な形で伝えられてきています。例えばＰＴＡと呼ばれる手法もその一つです。何だか、どこかでお馴染みの言葉のようですが、これは participatory technology assessment という英語の略語です。「参加型技術評価」とでも申しましょうか。住民の参加を得て、専門家との対話や協働作業のなかで、一つの課題に関して、アセスメントが行われる。この場合は、必ずしもリスク評価だけではありませんが、リスク評価に関しても有効な方法とされています。あるいは「コンセンサス会議」という方式もあります。これは、日本でも、遺伝子組み替え食品を巡る問題で、農林水産省が実験的に試みた例がありますが、専門家と通常の市民とが同じ場で作業を行い、最終的には市民のグループが、「結論」を造り上げて、議会へフィードバックするというのが、デンマークやオランダなどでの方法になっています。こうした方法は、今日の民主主義が間接制であって、とくにローカルな地域住民の声が反映されるのが難しいという弊害があるのを、多少とも緩和しようとする試みとも言えましょう。

いずれにしても、一般の非専門家が、単に受動的な存在ではなく、自分たちの問題意識（この場合は安全に関する問題意識、ということになりますが）を、専門家にぶつける機会であると同時に、専門家の方も、専門家としては気付かなかった問題や課題があるからこそ、非専門家が不安を抱いているということを学習する機会ともなるわけで、これまでの一方的な関係が改善されていく一つの突破口として注目されています。

もちろん、これは万能薬ではなく、楽観は禁物ですが、こうした方法が普及していけば、一般社会のなかにある、ある種の不安は解消される可能性が生まれますし、もとより、この場合、非専門家にもそれなりの「責任」が生じることは当然ですが、その責任感は、むしろ良い方に働くのではないかと期待できるのです。

イラクでの人質事件の後、突如として「自己責任」論が浮上して、話題になりました。私は、どんな場合でも、中央政府は自国民の生命や財産を守るべく努力をする義務があると思います。政府の発行する旅券も、他国の政府に対してそれを要請しています。しかし、同時に、国民も、公共を危険に陥れることを慎む努力をする義務があると思います。少なくとも政府の国民保護の義務を当然のこととして要求するのであれば、そのことに対する双務的な義務として、公共の安全への配慮があってしかるべきでしょう。当初そうした配慮が関係する方々の言動にあまり感じられなかったことが、「自己責任」というような批判になって独り歩きをしてしまったのではないでしょうか。要は、非専門家たる市民――それは一般に「私」の立場ということになりますが――が、公共とどのような形で関わりを持つのか、この点は、実は戦後の日本社会が曖昧な形のまま放置してきた問題です。これは、意志決定という問題にも絡んで参りますし、安全の問題にも絡んで参ります。

「私」と「公」という問題は、実は私たちの社会の将来を考える上でのきわめて重要な観点ですし、そのことが、不安の減少、安心・安全な社会の実現にも深く関わってくる、という見通しをもって、この拙《つたな》いお話の締め括りにしましょう。

あとがき

二〇〇四年も暮れようとしている。まえがきにも書いたように、この年はまことに多難であった。まえがきでは前向きに受け止めようとする気概を示したつもりだが、本当のところは心滅入るできごとの連続ではあった。ただ、私のなかには、甘いと言われるかもしれないが、人間の叡智に対する楽観があることも確かである。

かつて一九九八年『安全学』なる小著を上梓したときには、私は、そのようなタイトルと内容をもった書物の、社会のなかでのあり場所に確信があったわけではなかった。それどころか、書肆も含めて、恐る恐るという感じは否めなかった。それからわずか六年、歓迎すべきことかどうかはともかく、世間の変わりようは私にとっては驚くほかはない。本書で書いたことのなかには、そこで扱った事柄も何ほどかは含まれていることはお断りしておきたい。

本文中でも触れたように、現在勤務先の国際基督教大学では、文部科学省の提供する二一世紀ＣＯＥ（教育・研究拠点）プログラムに、「平和・安全・共生」という研究題目で応募し、有難いことに採用されて二年目を迎えている。今日、国際的にも国内的にも、最も重要と思われるこの三つの価値を、個別的と同時に、総合的にも追求し、かつ実現するための方途を探し当てようとする大きなプロジェクトである。本書の内容のかなりのところは、そのプロジェクトに関わった成果に拠っていることをここに記して、資金の援助元である文部科学省と、その本来の源であるタックスペイヤーとしての国民の皆様に感謝したいと思う。

平和にしても、あるいは安全、共生にしても、個別的にはすでに、それなりの実績が積み重ねられてきた。平和研究には平和学があり、安全に関しては安全工学が存在する。共生に関しては、共生学は存在しないが、生物学には固有の共生論があり、また多文化主義における正義論や寛容論は、まさしく現代倫理学の中心に位置している。しかし、これらの三つの相互の関連と総合化は、困難な課題として残されてきたと考えられる。しかし、本書での議論のなかでも予感されているが、安全は平和と表裏をなすものであり、複数の個人やグループの間の共生はまた、それらの安全の保障と、平和的な関係において初めて達成される。また人間と自然との共生は、人類の安全とも結びつく決定的な論点である。

本書では、このような発展形については、ほとんど触れていない。安全に限っても、環境の問題にも、あるいは最近国際的に重要視されるようになってきた「人間の安全保障」というような問題にも踏み込んでいない。その意味では、本書では書き残したことのなかに、大変重要なことが多くあることは自覚している。それはまたの機会にしたい。

それにしても新潟中越地震で、土砂に埋まった車のなかから幼児が救出されたことは、痛ましい悲劇のなかでわずかな光でもあった。こうして多くの人々が自分の危険を顧みず、一つの生命を救うために働いている一方で、戦争、テロリズム、そして反テロリズムを掲げて、あるいはわずかな金を得るために、人々は他人の生命を奪うことを躊躇《ためら》わない。それを思うと、安全学の行方に立ちはだかるものの大きさに打ちひしがれる。

本書が企画として宿ったときから、世に出るまで、産婆役を果たしていただいた集英社新書編集部の方々、また情報事典「イミダス」本誌の仲村實さんに心からの感謝を記しておきたい。

二〇〇四年十二月

村上陽一郎

参考文献一覧

ノーバート・ウィーナー『サイバネティックス――動物と機械における制御と通信』池原止戈夫／彌永昌吉／室賀三郎訳、岩波書店、一九五七年
宮沢賢治『宮沢賢治全集3』筑摩書房、一九八六年
H・W・ルイス『科学技術のリスク――原子力・電磁波・化学物質・高速交通』宮永一郎訳、昭和堂、一九九七年
村上陽一郎『安全学』青土社、一九九八年
米国医療の質委員会／医学研究所、L・コーン／J・コリガン／M・ドナルドソン編『人は誰でも間違える――より安全な医療システムを目指して』医学ジャーナリスト協会訳、日本評論社、二〇〇〇年
畑村洋太郎『失敗学のすすめ』講談社、二〇〇〇年
ヘンリー・ペトロスキー『橋はなぜ落ちたのか――設計の失敗学』中島秀人／綾野博之訳、朝日新聞社、二〇〇一年
畑村洋太郎『決定版　失敗学の法則』文藝春秋、二〇〇二年
村上陽一郎『安全学の現在』青土社、二〇〇三年

村上陽一郎（むらかみ　よういちろう）

一九三六年東京生まれ。国際基督教大学大学院教授。東京大学名誉教授。専門は科学史、科学哲学。東京大学教養学部卒、同大学院人文科学研究科博士課程修了。東京大学先端科学技術研究センター長などを歴任。主な著書に『科学の現在を問う』（講談社現代新書）『近代科学と聖俗革命』（新曜社）『科学者とは何か』（新潮選書）『生と死への眼差し』『安全学』（青土社）などがある。

安全《あんぜん》と安心《あんしん》の科学《かがく》

集英社新書〇二七八G

二〇〇五年一月一九日　第一刷発行
二〇〇五年二月二七日　第二刷発行

著者……村上陽一郎《むらかみよういちろう》
発行者……谷山尚義
発行所……株式会社集英社
東京都千代田区一ツ橋二－五－一〇　郵便番号一〇一－八〇五〇
電話　〇三－三二三〇－六三九一（編集部）
〇三－三二三〇－六三九三（販売部）
〇三－三二三〇－六〇八〇（制作部）

装幀……原　研哉
印刷所……大日本印刷株式会社　凸版印刷株式会社
製本所……加藤製本株式会社
定価はカバーに表示してあります。

ISBN 4-08-720278-X C0240
Printed in Japan